**Bibliografische Information der Deutschen Nationalbibliothek:**

Die Deutsche Bibliothek verzeichnet diese Publikation in der Deutschen Nationalbibliografie; detaillierte bibliografische Daten sind im Internet über http://dnb.d-nb.de/ abrufbar.



**Impressum:**


Druck und Bindung: Books on Demand GmbH, Norderstedt Germany
ISBN: 9783668905467

**Christine Glitsch**

# Denk- und Sachaufgaben in Mathematik. Lösungswege einer 3. Klasse

## 2. Staatsexamensarbeit im Referendariat Grundschule im Fach Mathematik

GRIN Verlag

**Schriftliche Arbeit**
zur zweiten Staatsprüfung für das Lehramt an Grundschulen
im Land Hessen

# Welche individuellen Lösungswege nutzen Schülerinnen und Schüler einer 3. Klasse bei der Bearbeitung offener Denk- und Sachaufgaben?

Ein Unterrichtsvorhaben im Fach Mathematik

**Note 1,0**

**Eingereicht:**

dem Studienseminar für Grund-, Haupt-, Real- und Förderschulen
in Frankfurt am Main

von der Lehramtsreferendarin

Christine Glitsch

**am 07. Juli 2011**

**Inhaltsverzeichnis**

## Einleitung

Sind SuS[1] einer 3. Klasse in der Lage, problemhaltige Sachaufgaben zu lösen, die nicht mit dem aktuellen Unterrichtsthema in Verbindung stehen und ohne Anleitung einer Lehrperson oder eines anderen Erwachsenen nur auf ihren bisherigen mathematischen Erfahrungen aufbauen? Ist es möglich, die gemeinsame Bearbeitung in Gruppenarbeit zu organisieren und trotzdem die SuS zu individuellen Lösungswegen zu motivieren? Welche individuellen Lösungswege entwickeln SuS selbständig durch die Bearbeitung von offenen Denk- und Sachaufgaben, ohne passende Darstellungsmöglichkeiten vorgegeben zu bekommen?

Diese Fragen waren für mich so interessant, dass ich über einen Zeitraum von 2 Monaten wöchentlich eine Rechengeschichte in die Lerngruppe gab, die verschiedene Leitideen der Mathematik ansprach. Durch die Reflexion ausgewählter Darstellungen in den folgenden Stunden konnte ich einen deutlichen Zuwachs an Darstellungsmöglichkeiten beobachten und durch die immer neuartigen Aufgabentypen war bereits zu Beginn der Unterrichtsstunden eine Spannung spürbar, die sowohl leistungsschwache als auch leistungsstarke SuS motivierte, gemeinsam nach Lösungen zu suchen, diese miteinander zu diskutieren und in der an diese Phase anschließenden Verschriftlichung zunehmend individuelle Lösungswege auch innerhalb der Gruppen zu finden. Es war für mich überaus spannend, zu beobachten, wie die SuS von Stunde zu Stunde ihr Repertoire an Darstellungsmöglichkeiten erweiterten und sich aus diesen Möglichkeiten die für sie individuell passende Darstellungsform auswählten und zur Lösung der Aufgabe nutzten.

Was sind offene Denk- und Sachaufgaben und wie können diese von Grundschülern bearbeitet und individuell gelöst werden? Im ersten Teil meiner Arbeit werde ich erläutern, was der Unterschied zwischen schematisierten Sachaufgaben und offenen Denk- und Sachaufgaben ist und welche Prozesse zum Lösen dieser Aufgaben erforderlich sind. Die unterschiedlichen Darstellungsmöglichkeiten und auch die Form der Verschriftlichung der Lösungswege werden beschrieben. Im zweiten Teil stelle ich die Planung und Durchführung der Unterrichtseinheit dar. Dabei gehe ich auch auf die Auswahl der Aufgaben ein und stelle die verschiedenen Kooperationen für diese Unterrichtseinheit vor. Im dritten Teil untersuche ich einzelne Schülerergebnisse zu ausgewählten Aufgaben im Hinblick auf die Nutzung individueller Lösungswege. In einer Gesamtauswertung im vierten Teil der Arbeit versuche ich, meine Erkenntnisse während der Unterrichtseinheit darzulegen und die Konsequenzen für die weitere Unterrichtsgestaltung aufzuzeigen. Der fünfte Teil enthält weitere, nur wenig kommentierte Schülerdarstellungen aller bearbeiteten Aufgaben der Unterrichtseinheit.

[1] Ich verwende die Abkürzung „SuS" in dieser Arbeit durchgängig für „Schülerinnen und Schüler".
Die Namen der SuS wurden anonymisiert.

# 1. Sachrechnen in der Grundschule

## 1.1. Sachaufgabe vs. Rechengeschichte?

„Sachaufgaben“, „Textaufgaben“, „Sachrechnen“, damit ist oftmals eine in Worte gekleidete Rechenaufgabe gemeint, die den gerade behandelten Unterrichtsstoff in textlicher Form behandelt und für die SuS i.A. leicht erkennbar ist, da der Text „unmittelbar den Schlüssel zur Identifikation des [Aufgaben-]Typs“[2] enthält und Zahlen und passende Rechenoperationen (z.B. „weniger als“ für die Subtraktion) daher zum gewählten Thema passen. Winter (2000, 7) bezeichnet dies als „Routineaufgaben“. Völlig gegensätzlich dazu sind die „Problemaufgaben“, die bei mir mit „offenen Denk- und Sachaufgaben“ (Rasch, 2008, 6) bezeichnet werden und die sowohl „unspezifisches Alltagswissen“ als auch „spezifisches mathematisches Wissen“ erfordern.[3] Dies erfolgt durch einen Prozess des Modellierens und Verstehens, einen Problemlöseprozess, und erfordert von den SuS erheblich mehr kognitive Leistungen als das (meist) übliche „Frage-Rechnung-Antwort“-Schema der Routineaufgaben.

Sachrechnen: Das unbeliebteste Mathematikthema überhaupt, wenn man Erwachsene, aber auch ältere Schulkinder befragt.[4] Weil es langweilig ist? Weil die Aufgaben doch nur eine Rechenaufgabe umschreiben? Weil die Texte und die Fragestellungen nicht aus der Lebenswelt der Kinder stammen – ist die Aufgabe „Im Theater sind von 390 Plätzen schon 180 besetzt. Wie viele sind noch frei?“ für Kinder wichtig? Reicht es nicht, dass es noch genug Plätze gibt, möglichst in der Mitte (was in solchen Aufgaben nie eine Rolle spielt) und neben der besten Freundin? Sind Kinder nach dem üblichen „Schema“-Sachrechnen überhaupt in der Lage, eine Aufgabe zu verstehen, als „Kapitänsaufgabe“[5] zu identifizieren und die Unsinnigkeit deutlich zu machen? Offensichtlich mehrheitlich nicht, wie verschiedene Untersuchungen[6] zeigen, die das Sachrechnen in der üblichen Form damit deutlich in Frage stellen.

Sachrechnen kann aber auch anders sein: Nicht als FRA[7]-Routineaufgabe, sondern als „Rechengeschichte“. Eine Geschichte birgt in sich etwas Spannendes, Ungewohntes. Ist die Geschichte nicht auf den ersten Blick zu lösen, aber in ihrer Sprache so weit an die Alltagswelt, den Umgangston der SuS angenähert, dass sie lösbar erscheint, dann werden Kinder motiviert und sind auch bereit, sich über eine längere Zeitspanne auf diese eine Aufgabe einzulassen, sie im weiteren Verlauf in verschiedenen Darstellungsformen aufzuzeigen und schließlich kreativ zu gestalten. Eine solche Aufgabe weckt dann auch das Interesse an einer weiteren Herausforderung, denn als solche sind die von mir in dieser Arbeit vorgestellten Problemaufgaben zu verstehen.

---

[2] Winter, Heinrich: Sachrechnen in der Grundschule. 5. Aufl., Berlin, 2000, S. 7
[3] Winter, 2000, S. 8
[4] dabei handelte es sich um eine eigene Umfrage im Bekanntenkreis und unter den eigenen Kindern
[5] Beispiel: „Auf dem Schiff gibt es 5 Hunde und 12 Schafe. Wie alt ist der Kapitän?“
[6] z.B. Radatz, 1983, S. 214, in: Franke, Marianne: Didaktik des Sachrechnens in der Grundschule. Heidelberg/Berlin, 2003, S. 99
[7] FRA=Frage-Rechnung-Antwort

## 1.2. Mathematisches Modellieren

Zunächst muss die in der Aufgabe beschriebene Situation überhaupt erst *verstanden* werden: Dazu ist es notwendig, die Situation in das vorhandene Wissensnetz einzuordnen und als ein strukturiertes Gesamtbild aufzubauen, das zur Fragestellung passt. Das Verständnis der Situation ist nur möglich, wenn alle Informationen *verknüpft* werden und nicht als isolierte Einzelfragen erfasst werden.[8] Gelingt der erste Prozess des Mathematisierens nicht, kann die Aufgabe nicht gelöst werden. Dies wird beispielsweise bei „gelösten“ Kapitänsaufgaben deutlich, indem die Zahlen der Aufgabe willkürlich und ohne Bezug zueinander in einer Gleichung verknüpft werden, um auf jeden Fall zu einem Ergebnis zu kommen.

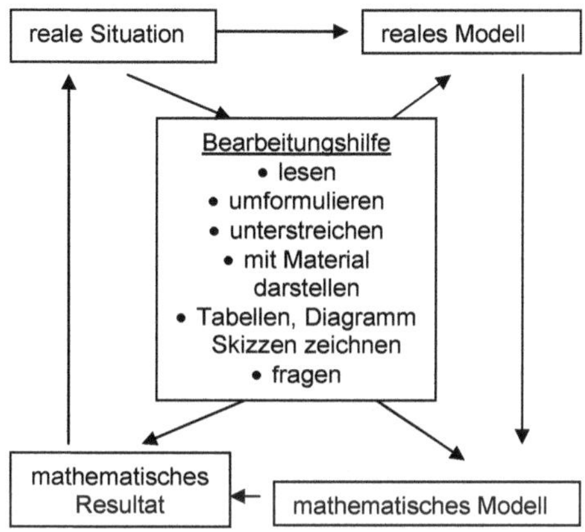


Modellbildung beim Sachrechnen (Franke, 2003, 79)

Zur Bewältigung einer Sachaufgabe bildet eine *reale Situation* die Ausgangslage mit einer (möglichst offenen) Fragestellung. [9] Die für die Lösung der Frage relevanten, mathematischen Daten müssen aus der Realsituation in ein *reales Modell* extrahiert werden können. Weitere Daten können durch Beobachten und Beschreiben beschafft werden. Im nächsten Schritt wird das reale Modell in ein *mathematisches Modell* übersetzt, durch Mathematisierung bzw. mathematische Modellierung. Dabei kann es zu einem realen Modell durchaus auch mehrere (richtige) mathematische Modelle geben, gelenkt durch die Fragestellung, Vereinfachen oder Präzisieren. Mithilfe der mathematischen Operationen werden die Daten dann zu einem *mathematischen Resultat* verarbeitet, ein bisher unbekanntes mathematisches Problem kann durch Vereinfachen des Realmodells zu einem lösbaren mathematischen Modell verändert werden. Der letzte Schritt ist die „Rückinterpretation“ der Ergebnisse in die reale Situation und Überprüfung der Lösung. Treten dabei Widersprüche auf, muss der gesamte Prozess erneut durchlaufen werden, wobei Veränderungen erforderlich sind.[10]

## 1.3. Ziele und Funktionen des Sachrechnens

Um das Sachrechnen zu verbessern, um es anschaulicher, motivierender zu machen, der Lebensumwelt der SuS stärker anzunähern, gibt es seit den 80er Jahren Bestre-

[8] Winter, 2000, S. 8
[9] Krauthausen, Günter/Scherer, Petra: Einführung in die Mathematikdidaktik, 2007, S. 76f.
[10] Franke, 2003, S. 74f.

bungen, die an die Ideen der Reformpädagogik der Nachkriegszeit anknüpfen.[11]

***Ziele*** des heutigen Sachrechnens sind vor allem die Umwelterschließung zur Bewältigung von Alltagssachverhalten. Dies kann, soll es dem Leben entsprechen, nur durch eine komplexe Situationsdarstellung erfolgen, die allerdings die Grundschüler überfordern könnte. Daher ist eine Reduktion notwendig, die die Realsituation jedoch nicht verändert sollte. Ein Problem ist das situative Wissen[12], d.h. Mathematik wird in der Schule anders verwendet als im Alltag und die in einer Sachaufgabe erarbeitete arithmetische Struktur wird meist nicht auf eine andere, ähnliche Aufgabe übertragen. Daher wäre es notwendig, dass nicht nur die Sache im Vordergrund steht, sondern als weiteres Ziel des Sachrechnens auch das mathematische Modell.[13] Um zu einem mathematischen Modell zu kommen, ist es notwendig, Teilleistungen, die beim Bearbeiten komplexerer Sachsituationen benötigt werden, regelmäßig zu üben. Dies erfolgt häufig durch „Routineaufgaben", die, aufbauend auf dem gerade behandelten Thema, einen Sachbezug zur Realität haben, der jedoch nicht diskutiert wird, und deutliche Hinweise auf die auszuführenden Rechenoperationen enthalten. Das Modellieren erfolgt dabei formal und meist ohne stärkeren Bezug zum Text.[14] Um Problemlösefähigkeiten zu entwickeln, ein weiteres Ziel des Sachrechnens, sind diese Aufgaben nicht ausreichend, da SuS zunächst davon ausgehen, dass Sachaufgaben „irgendwie" gerechnet werden müssen, und meist keine heuristischen Arbeitsweisen zur Texterschließung ausbilden. Das sinnvolle Verknüpfen von gegebenen Zahlen muss daher erlernt werden, indem die SuS mittels realistischer Sachprobleme oder Knobelaufgaben („Denk- und Sachaufgaben") üben, wie systematisch vorgegangen wird und Techniken wie selektives Lesen, Unterstreichen, In-Beziehung-Setzen angewendet werden.[15] Damit ergibt sich die Problematik beim Sachrechnen, dass, um Strategien zu erlernen, die Sachinformation reduziert werden müsste, zur Umwelterschließung und Problemlösung jedoch eine ganzheitliche Darstellung notwendig wäre. Konsequenz (nach Franke, 2001, 27) daraus ist, dass alle Ziele des Sachrechnens gleichermaßen behandelt werden sollten und eine Konzentration auf nur ein Ziel (i.A. die Routineaufgaben) nicht sinnvoll ist.

Die ***Funktionen*** des Sachrechnens im Mathematikunterricht, mittels derer die vorgenannten Ziele erreicht werden sollen, können im Unterricht nicht voneinander getrennt werden, sind hier aus didaktischen Gründen jedoch getrennt vorgestellt: Sachrechnen als Lernstoff umfasst das Kennenlernen von Größen und ist Grundlage des Sachrechnens. *Zählen, messen, schätzen* sind Methoden zum Gewinnen von Daten; *Maßsysteme* kennenzulernen ermöglicht den Aufbau realistischer Vorstellungen

[11] Franke, 2003, S. 19
[12] Franke, 2003, S. 26, nach Bauersfeld, 1983
[13] Franke, 2003, S. 27
[14] Franke, 2003, S. 22
[15] Franke, 2003, S. 23f.; sinnloses Verknüpfen kann bei „Kapitänsaufgaben" beobachtet werden

über Größen; Methoden zum *Darstellen* und *Verarbeiten* von Daten in Tabellen, Skizzen, Graphiken, Diagrammen ermöglichen das In-Beziehung-setzen von Werten und damit Verdeutlichen und Interpretieren, um eine Fragestellung zu lösen. [16] Beim Sachrechnen als Lernprinzip werden Bezüge zur Realität hergestellt, so dass die SuS stärker für das Lernen mathematischer Begriffe und Verfahren aktiviert werden können, indem sie aus ihrem eigenen Erfahrungsbereich Vorkenntnisse nutzen. Die Sachsituation dient dabei als Ausgangspunkt für einen Lernprozess und durch die Verkörperung der Situation wird das Thema für die SuS lebendiger, spannender und anschaulicher, als dies von einer rein mathematischen Thematisierung ermöglicht werden könnte. Die wichtigste und schwierigste Funktion ist Sachrechnen als Lernziel zur Umwelterschließung[17], der die beiden vorgenannten Funktionen umfasst und darüber deutlich hinausgeht. Sachrechnen ermöglicht dabei das Erfahren der Umwelt und Umsetzen/Modellieren der Eindrücke in mathematische Situationen, das Lösen und Übertragen der Ergebnisse in die Realität. [18] Das Modell ist eine Konstruktion, die nur einige Aspekte der Realität umfasst; dies sollte den SuS verdeutlicht werden, um sie zu befähigen, kritisch an ihnen präsentierte Zahlen und Darstellungen heranzutreten.[19]

### 1.4. Offene Denk- und Sachaufgaben

Dabei handelt es sich um „Aufgaben, zu deren Lösungsfindung z.B. ungleiche Teile gebildet werden müssen oder gegebene Daten verschieden kombiniert und möglichst alle Kombinationen gefunden werden müssen“[20]. Der Aufgabenlöser findet nicht sofort eine Lösung, da nicht ein einfacher Algorithmus zur Verfügung steht, der durch Abarbeiten der einzelnen Aufgabenbedingungen zur Lösung führt. Die Aufgaben knüpfen zwar an den Erfahrungsbereich der Kinder an, durch die ungewohnten mathematischen Zusammenhänge wird jedoch ein neues, anderes Nachdenken über eigentlich gewohnte Handlungen angeregt (s. Aufgabe „Handschläge“).[21]

Der Aspekt der Offenheit ist dann gegeben, wenn Daten nicht sofort verwendbar sind, sondern erst umgedeutet oder umgeordnet werden müssen oder es keine oder sogar mehrere Lösungen geben kann.[22] Vorhandenes Wissen kann nicht einfach abgerufen werden, sondern muss so strukturiert werden, dass es als Lösungswissen eingesetzt werden kann.[23] Dabei werden meist Aufgaben ausgewählt, die für SuS eine „Herausforderung“ aufgrund des teilweise noch fehlenden mathematischen Instrumentariums bedeuten und die SuS daher ganz unterschiedliche Lösungsansätze

[16] Winter, 2000, S. 15; auch: Franke, 2003, S. 27f.
[17] Hessisches Kultusministerium: Rahmenplan Grundschule. Wiesbaden, 1995, S. 144
[18] Das Modellieren wird unter 1.2. ausführlich beschrieben.
[19] Rahmenplan, S. 148
[20] Rasch, Renate: Zur Arbeit mit problemhaltigen Textaufgaben im Mathematikunterricht der Grundschule. Hildesheim/Berlin, 2001, S. 11, S. 26f.
[21] Rasch, Renate: 42 Denk- und Sachaufgaben. 3. Aufl., Seelze-Velber, 2008, S. 5
[22] Rasch, 2008, S. 6
[23] Rasch, 2001, S. 26f.

entwickeln können.[24] „Offen“ können Textaufgaben auch sein, wenn das Sachrechnen nicht an den gerade behandelten arithmetischen Stoff gebunden ist, sondern die Sache selbst im Vordergrund steht und die SuS selbst entscheiden, welchen Lösungsweg sie einschlagen, welche Repräsentationsform sie zur Darstellung ihres Lösungsweges nutzen und auf welcher Ebene (enaktiv, ikonisch, symbolisch) sie die Aufgabe lösen.[25]
Aktiv-entdeckendes Lernen wird ermöglicht, wenn Kinder ermutigt werden, ihr Vorwissen zu aktivieren; sie angeregt werden, über ihre eigene Vorgehensweise nachzudenken und mit der anderer zu vergleichen; sie dabei unterstützt werden, zunehmend effizientere und weniger fehleranfällige Vorgehensweisen zu entwickeln und damit nicht kleinschrittig eine einzelne Kenntnis und Rechenfertigkeit nach der anderen erlernen, sondern durch Knüpfen eines Wissensnetzes und Ausnutzen von Zusammenhängen in die Lage versetzt werden, auch komplexere Aufgaben wie Denk- und Sachaufgaben zu lösen.[26]
In dieser Arbeit werden „Rechengeschichten“ gelöst. Glaser/Neubert[27] sehen in Rechengeschichten Sachaufgaben, die aus mehreren Sätzen bestehen, die eine zu mathematisierende Situation enthalten. Alle erforderlichen Informationen und Daten zur Lösung des Problems sind gegeben und die Rechengeschichte wird durch eine zu lösende Fragestellung beendet. Rechengeschichten müssen gerade nicht realistisch sein, sondern können eine fiktive, die SuS besonders interessierende Situation (z.B. ein Märchen) darstellen, dann bedeutet der Text nicht eine Einkleidung von Zahlen, sondern ist selbst anregend.[28]

### 1.5. Prozesse beim Lösen von offenen Denk- und Sachaufgaben

Die in dieser Einheit verwendeten Textaufgaben haben eines gemeinsam: Sie lösen Denk- und Problemlöseprozesse aus. Obwohl es jeweils individuelle Denkprozesse gibt, wenden Kinder zur Lösung von Problemen doch auch Gesetzmäßigkeiten und Regeln an, die von verschiedenen Autoren[29] zu ***4-Phasen-Modellen*** entwickelt wurden. Die Modelle enthalten i.A. die Phasen der

1. Problemdefinition/Aufgabenverständnis,
2. Aufstellen einer Strategie/eines Plans,
3. Durchführung des Plans,
4. Evaluierung des Ergebnisses bezüglich des Ziels und ggfs. Rückschritt auf die erste Phase bei Nicht-Lösung des Problems.

---

[24] Franke, Marianne: Aufgaben, die das Leben schreibt. In: Ruwisch, Silke/Peter-Koop, Andrea: Gute Aufgaben im Mathematikunterricht der Grundschule. 4. Aufl., Offenburg, 2009, S. 79
[25] Franke, 2009, S. 78
[26] Spiegel, Hartmut/Selter, Christoph: Kinder & Mathematik. Was Erwachsene wissen sollten. 5. Aufl., Seelze-Velber, 2008, S. 30f.
[27] Glaser, Birgit/Neubert, Bernd: Wir erstellen eine Rechengeschichtenkartei. In: Grundschulunterricht 2/2006, Oldenbourg-Verlag, S. 36f.
[28] Schütte, Sybille: Rechengeschichten statt Textaufgaben: Mathematik und Sprache verbinden. In: Die Grundschulzeitschrift 102/1997, Friedrich Verlag, S. 8f.
[29] Wallas (1926), Wessels (1990), Polya (1949, 1995), in: Rasch, 2001, S. 41ff.

Nach Rasch (2001, 44) besteht bei diesen Modellen jedoch die Gefahr, ein Nacheinander der Phasen vorzugeben und nicht das Überspringen bzw. die Gleichzeitigkeit von einzelnen Phasen zu berücksichtigen. Gerade Grundschulkinder, anders als Erwachsene, beginnen nach dem Hören bzw. Lesen einer Aufgabe sofort mit Lösungsversuchen, die meist nicht mit einer Strategieplanung einhergehen, sondern oft spontane Probierstrategien darstellen. Ist eine (vermeintlich richtige) Lösung gefunden, evaluiert das Grundschulkind (nach Rasch) nicht und betrachtet sich die Bedingungen der Aufgabe unter Beachtung der Zielvorgabe sowie des tatsächlichen Ergebnisses, sondern beendet damit seinen Problemlöseprozess.[30]

***Problemlösestrategien*** bezeichnet man auch als Heurismen. Sie können zum Ziel führen, dies ist jedoch nicht garantiert. Im Gegensatz dazu ist der Algorithmus (z.B. in Routineaufgaben)[31] eine Methode, die immer zu einer Lösung eines bestimmten Aufgabentyps führt. Das heuristische Verfahren ist meist unsystematisch und erfahrungsabhängig. Ein Problem kann nicht mit einem algorithmischen Schema abgearbeitet werden, sonst wäre es eine Aufgabe, nicht aber ein Problem. Bei bestimmtem Vorwissen kann allerdings ein erfolgreicher Lösungsheurismus zu einer algorithmischen Vorgehensweise führen.[32] Jede Person besitzt eine Gesamtheit an Heurismen, die miteinander verknüpft und die sehr individuell angelegt sind. Vom Problemlöser werden einzelne Aktionen/Heurismen probeweise zu Ketten zusammengesetzt und ergeben einen Vorgehensplan, der auch wieder teilweise verworfen werden und durch andere Heurismen ergänzt werden kann.[33] Um eine Aufgabe zu lösen, muss der Problemlöser zunächst die (wortsprachliche) Situation möglichst vollständig und genau rekonstruieren, mit dem Ziel, mathematische Operationen passend zuzuordnen, so dass er die Situation auf der symbolischen Ebene lösen kann. Der verwendete Abstraktionsgrad der Darstellungsform ist abhängig von den vorhandenen Schemata des Problemlösers, aber auch von der Aufgabe selbst. Daher muss jeder Problemlöser individuell Entscheidungen treffen über eine symbolische, ikonische, gelegentlich sogar enaktive Vorgehensweise, um sein Ziel, die Aufgabenlösung, zu erreichen.[34]

Um heuristische Strategien zu fördern, sollten durch anspruchsvolle Aufgaben problemlösende Aktivitäten ausgelöst werden, so dass die Problemlöser allein oder in Gruppen frei ihr Vorgehen bestimmen können. Heuristische Strategien werden daher nicht vermittelt, sondern durch Problemaufgaben ein heuristisches Herangehen an

---

[30] Meine Beobachtungen der Schülergruppen während der Bearbeitung der Textaufgaben deckt sich zwar teilweise mit Rasch, allerdings konnte bei einzelnen SuS durchaus auch eine Planung der Strategie sowie eine Überprüfung des Ergebnisses mit anschließendem Rückschritt auf die 1. Phase bei Nicht-Erfolg beobachtet werden. Ich denke daher, diese Modelle sind mit zunehmendem Alter der SuS stärker vertreten, haben jedoch auch ihre Bedeutung bei Grundschulkindern.

[31] Walther, Gerd/Heuvel-Panhuizen, Marja van den/Granzer, Dietlinde/Köller, Olaf (Hrsg.): Bildungsstandards für die Grundschule: Mathematik konkret. 4. Aufl., Berlin, 2010, S. 114

[32] Rasch, 2001, S. 50

[33] Rasch, 2001, S. 51

[34] Rasch, 2001, S. 48f.

Aufgaben gefördert, bei dem Kinder durch probierende Aktivitäten immer stärker mathematische Beziehungen nutzen und daraus dann passende Strategien selbst entwickeln können.[35] Nach Adams (1989) kann durch die Erprobung von Wissen, Prozessen und Strategien in vielen verschiedenen Situationen zunehmend vom spezifischen Kontext auf ein abstraktes, allgemein anwendbares Wissen abstrahiert werden.[36] Problemlösungsmethoden können nach allgemeiner Auffassung[37] wie folgt eingeordnet werden:[38] [39]

- Ziel-Mittel-Analyse: Der Problemlöser kennt die Ausgangslage und das Ziel, weiß aber noch nicht, wie er es erreichen kann. Er wählt verschiedene Mittel wie Tabellen, Skizzen u.a. aus, die ihm geeignet erscheinen, zum Ziel zu kommen.
- Suchstrategien: Das Suchen ist die hauptsächliche Aktivität des Problemlösens. Dabei werden verschiedene Alternativen gesucht und überdacht. Diese Strategie wird auch bei der Ziel-Mittel-Analyse eingesetzt.[40]
- Strategie des Generierens und Testens von Lösungen: Eine gerade überlegte Lösungsmöglichkeit wird überprüft, evtl. verworfen und durch eine andere Lösungsidee ersetzt. Allerdings ist die Strategie öfters ineffektiv, da zu unsystematisch vorgegangen wird und der Bereich des Lösungsideen zu groß gestreut ist.
- Suchraumeingrenzung: Indem nicht jede Idee überdacht wird, sondern zunächst eine Parallele zwischen einer bekannten Sachlage und dem Problem gesucht wird, wird der Bereich der Lösungsideen stark eingegrenzt und die Suche effektiver. Das Probieren erfolgt systematischer und weniger zufallsgesteuert.

## 1.6. Lösungsdarstellungen/schriftliche Eigenproduktionen

Wie kann man SuS dazu aktivieren, eigene Vorgehensweisen darzulegen? – Indem man sie bittet, ihren individuellen Lösungsweg zu einer Aufgabe aufzuschreiben.
Wie kann man SuS dazu aktivieren, die Vorgehensweise anderer SuS kennenzulernen und nachvollziehen zu können? – Indem sie Lösungsbeispiele anderer SuS diskutieren und ihre Aufgaben in der vorgestellten Form lösen.
Wie kann man SuS dazu aktivieren, besonders passende und effiziente Vorgehensweisen zur Lösung einer Aufgabe zu finden? – Indem sie eine Aufgabe auf verschiedene Weisen lösen und diese Lösungen diskutieren, verschriftlichen, darlegen.[41]

---

[35] Rasch, 2001, S. 58
[36] Rasch, 2001, S. 60
[37] s. Rasch, 2001, S. 52
[38] Rasch, 2001, S. 52ff.; Franke, S. 72ff.
[39] ich habe die „Strategien der Repräsentativität und Verfügbarkeit" und der „Vorwärts- und Rückwärtssuche" ausgelassen, da ich sie bei meiner Untersuchung nicht beobachten konnte
[40] Rasch (2001, 54) sieht die *Suchstrategien* als häufigst verwendete Strategie des Problemlösens, allerdings nicht in der Form des „Versuch und Irrtums", sondern mit dem Ziel, vorhandenes Wissen und Fähigkeiten in den Lösungsfindungsprozess miteinzusetzen. Die anderen Strategien wurden in der Untersuchung von Rasch selten beobachtet.
[41] Selter, Christoph: Rechnen auf eigenen Wegen. In: Schule heute 4/2004, S. 10

„Eigenproduktionen sind mündliche oder schriftliche Äußerungen, bei denen die SuS selbst entscheiden können, wie sie vorgehen und/oder wie sie ihr Vorgehen bzw. dessen Ergebnisse darstellen."[42] Kommunikation erfolgt i.A. im mündlichen Gespräch, nach Gallin/Ruf (1991) ist damit jedoch auch die schriftliche Auseinandersetzung/ Kommunikation gemeint, bei der der Lernende ein Gespräch mit dem Lehrer, aber auch mit sich selbst führt.[43] Die schriftliche Darstellung in Form von Texten, Zeichnungen, Erklärungen und symbolischen Darstellungen von Rechenwegen erlaubt es allen SuS, zu Wort zu kommen. Die Ergebnisse der Eigenproduktionen können als Material für den weiteren Unterrichtsverlauf genutzt werden (als Beispiele für Lösungsdarstellungen zur Erweiterung der von jedem SuS bisher genutzten Möglichkeiten) und zum Nachdenken über das eigenen Vorgehen anregen.[44] Aufgabenlöser sind häufig erfolgreich, wenn sie eine dem Problem angemessene Darstellung gefunden haben. Wird ein Lösungsrahmen bereits vorgegeben, z.B. eine Skizze an der Tafel, dann wird die individuelle Lösungsbildung jedoch unterdrückt und auf eine einzige Darstellung reduziert.[45]

Hain[46] stellt in diesem Zusammenhang die Frage, ob eine selbst angefertigte Zeichnung beim Lösen einer Aufgabe hilft? Eine berechtigte Frage, denn im Verlauf der Unterrichtseinheit konnte ich beobachten (vornehmlich bei der Aufgabe „Bremer Stadtmusikanten"), dass einige SuS die Idee der Skizze von Gruppenmitgliedern übernahmen, diese aber unreflektiert, unmaßstäblich und ohne Bedeutung für ihren eigenen Lösungsweg einfach nur nachzeichneten. Bei diesen SuS ist daher das Anfertigen eines Schaubildes, das vorher noch nicht explizit eingeübt wurde, eher eine zusätzliche Aufgabe. Doch sollte diese Überlegung nicht der grundsätzlichen Art der Unterrichtseinheit entgegenwirken, da gerade die erste Annäherung an solche Skizzen und die in einer weiteren Aufgabe vertiefte und dann auch richtig eingesetzte Skizze ein Ziel dieser Einheit war. Das Trainieren der Fähigkeit, zu einem Text eine Skizze anzufertigen und dabei visuelle und schriftliche Informationen zu verknüpfen, kann in einer solchen Unterrichtseinheit sichtbar verbessert werden, und durch die eigenverantwortliche Auswahl eines Darstellungsmittels denken die SuS verstärkt über ihre Rechenwege nach.[47] Die Lösungsdarstellung in verschiedenen Darstellungsformen zeigt sich bei flexiblen Denkern, die ihre Strategie überdenken und ggfs. eine weitere Strategie verwenden.[48]

---

[42] Selter, Christoph: Eigenproduktionen im Arithmetikunterricht. In: Müller, Gerhard N./Wittmann, Erich Ch. (Hrsg.): Mit Kindern rechnen. Arbeitskreis Grundschule – Der Grundschulverband. Frankfurt/Main, 1995, S. 138
[43] Gallin/Ruf 1991, in: Rasch, 2001, S. 70
[44] Selter, 1995, S. 139
[45] Rasch, 2001, S. 47
[46] Hain, Eva-Tabea: „Mache eine Zeichnung, die dir beim Rechnen hilft!" In: Grundschulunterricht 2/2006, Oldenbourg-Verlag, S. 22
[47] Hain, S. 23
[48] dies ist meine Beobachtung im Verlauf der Einheit, da durch die Kooperation ggfs. auch mehrere Strategien angesprochen und teilweise auch erarbeitet wurden

Welche Lösungsdarstellungen können von Grundschülern erwartet werden?

Eine Tabelle stellt Daten knapp und übersichtlich in Zeilen und Spalten dar und ermöglicht eine übersichtliche Darstellung von komplexen Zusammenhängen. Eine Tabelle kann zur Klärung der Sachsituation dienen und ermöglicht effizient das Herausarbeiten von notwendigen Rechenoperationen.[49]

Eine Skizze stellt Zusammenhänge der Sachsituation bildlich dar. Die Skizze kann ein Situationsmodell sein, aus dem die Lösung „abgeschaut“ werden kann. Sie ist auch eine Hilfe für die Lehrkraft, um festzustellen, ob sich Kinder ein Bild von der Situation gemacht haben. Eine Skizze ist kein „schönes Bild“, und diese Unterscheidung fällt SuS zunächst schwer. In einer Skizze eingesetzte Abstrahierungen (Symbole, Abkürzungen, Strichmännchen u.ä.) sind bei den SuS nicht automatisch vorhanden, sondern müssen erst erarbeitet werden.[50]

Das Schaubild/Diagramm eignet sich besonders, um Unterschiede zu verdeutlichen. In der Grundschule handelt es sich i.A. um Säulendiagramme, Balkendiagramme, Streifenmodelle; in dieser Unterrichtseinheit kamen die SuS auch auf die Idee, ein Stabdiagramm (ein Säulendiagramm mit sehr schmalen Säulen) zu verwenden.[51]

## 1.7. Probleme bei der Bearbeitung offener Denk- und Sachaufgaben

Um eine Sachaufgabe zu lösen, sind viele Teilfähigkeiten erforderlich, die die mathematische Modellbildung ermöglichen. Oft scheitern SuS bereits, indem sie vorgegebene Zahlen durch eine (nicht passende) Operation miteinander verknüpfen, die gerade im Unterricht „behandelt“ wurde. Dies kann daran liegen, dass der Text nicht interessiert und nur die Zahlen betrachtet werden. Oder der Text wird aufgrund unklarer Wortbedeutungen nicht verstanden. Die Situation könnte den SuS völlig unbekannt sein. Auch wenn SuS die beschriebene Situation nicht mit einer Rechenoperation in Verbindung bringen können, kann eine mathematische Modellbildung schwierig bis unmöglich sein.[52] Auf der mathematischen Ebene ist die richtige Anwendung der Rechenoperationen sowie oftmals die Kenntnis von Größen erforderlich, das sind weitere Fehlermöglichkeiten. Die Interpretation der Ergebnisse und der Rückgriff auf die Sachebene erfordern eine Plausibilitätsprüfung anstelle des bedenkenlosen Übernehmens völlig sinnloser Ergebnisse und ist ein weiterer Problempunkt auf dem Weg zur Lösung von Sachaufgaben.[53]

Es ist daher sinnvoll, eine Sachaufgabe zunächst durch die SuS nacherzählen und erste Lösungsideen gemeinsam besprechen zu lassen (s. 2.4.). Ebenfalls ist es

---

[49] Pfaller, Monika: Sachrechnen im 3. Schuljahr: Anknüpfen und Vertiefen – Manege frei für Lösungsschritte, Lösungshilfen und Größen. In: Häring, Gudrun (Hrsg.): Start in den Unterricht – Mathematik Klasse 3. 2010, Friedrich Verlag, S. 59

[50] Pfaller, S. 58

[51] Pfaller, S. 59

[52] Kaufmann, Sabine: Üben von Teilqualifikationen zum Sachrechnen. In: Grundschulunterricht 2/2006, Oldenbourg-Verlag, S. 24

[53] Kaufmann, S. 25

erforderlich, eine Aufgabe zu reflektieren und unterschiedliche Lösungswege durch die SuS erklären und damit für alle SuS nachvollziehbar zu machen.

## 2. Planung der Unterrichtseinheit

### 2.1. Lerngruppenanalyse[54]

#### 2.1.1. Beschreibung der Lerngruppe

Die Klasse 3 hat sich zu Beginn des 3. Schuljahres aus SuS von zwei jahrgangsgemischten Eingangsklassen neu zusammengesetzt. Es sind insgesamt 22 Schüler, davon 10 Mädchen und 12 Jungen. Viele SuS haben einen Migrationshintergrund, beherrschen aber durchweg die deutsche Sprache gut bis sehr gut.

#### 2.1.2. Arbeits- und Sozialverhalten

Die SuS der 3 sind im Unterricht meist motiviert und interessiert. Neue Themen werden gut angenommen, die SuS bringen eigene Gedanken und Fragen ein und arbeiten meist aufmerksam und engagiert mit. Auch wenn es oft lebhaft zugeht, herrscht im Allgmeinen eine angenehme und konzentrierte Arbeitsatmosphäre. Das soziale Klima lässt sich als positiv beschreiben. Das Arbeitsverhalten der SuS ist sehr unterschiedlich. Einige SuS (Felix[55], Mats, Alexandra, Laura, Sven, Luisa, Marta, Thao, Lena) beginnen direkt, sind konzentriert und arbeiten selbstständig. Andere SuS (Laurenz, Inga, Mark, Mohamed, Louis) arbeiten zwar ebenfalls meist selbstständig und sorgfältig, lassen sich dabei aber leicht ablenken bzw. sind selbst Störquellen. Trotzdem erzielen sie gute Arbeitsergebnisse und sind meist schnell fertig. Es gibt SuS (Mert, Robert, Soraya, Thomas), die oft noch aktiviert und motivert oder ermahnt und immer wieder dazu angehalten werden müssen, während der Arbeitsphase dauerhaft konzentriert zu arbeiten. Einigen SuS (Soraya, Sarah, Marie, Robert, Murat, Nadine, Thomas) fällt ein selbstständiges Arbeiten noch deutlich schwerer, weswegen ihnen die Aufgabenstellungen in Einzelarbeitsphasen oft nochmals im Einzelgespräch erläutert werden muss.

#### 2.1.3. Methodische Voraussetzungen

Der Sitzkreis ist eine vertraute Sozialform zur Einführung neuer Themen oder zur Reflexion. Die SuS beteiligen sich dabei engagiert und interessiert. Die SuS haben bereits mehrfach in Partner- und Gruppenarbeit zusammengearbeitet, dabei wurden die Gruppen jeweils nach unterschiedlichen Kriterien zusammengesetzt, auch Schülerwünsche wurden berücksichtigt. Dabei haben die SuS meist arbeitsteilig gearbeitet und sich ihre Ergebnisse auf einem eigenen Blatt notiert. Da die Zusammentragung der Ergebnisse i.A. erst nach einer Einzelarbeitsphase erfolgte, ist

---

[54] Die Beschreibung der Lernvoraussetzungen bezieht sich auf den Zeitraum vor Durchführung der Unterrichtseinheit und stellt die bis zu dessen Beginn erworbenen und ersichtlichen Lernvoraussetzungen dar. Daher wird in der Beschreibung i.A. der Präsens verwendet und noch keine Rückschlüsse auf in der Einheit veränderte Voraussetzungen gezogen.

[55] alle Schülernamen wurden geändert

die in dieser Einheit genau umgekehrte Vorgehensweise für die SuS ungewohnt und erfordert einen Lernprozess, der von den einzelnen SuS und auch Schülergruppen unterschiedlich vorgenommen wird.

#### 2.1.4. Fachliche Voraussetzungen

Im 3. Schuljahr wurden von mir bewusst nur selten Sachaufgaben in Form von Routineaufgaben gestellt, da ich die SuS durch einen eigenen Sachrechenlehrgang für das differenzierte Lösen von Textaufgaben sensibiliseren wollte. Die hier durchgeführte Unterrichtseinheit ist diesem Sachrechenlehrgang vorgeschaltet, so dass die SuS wenig auf erlernte (und evtl. schematisierte) Vorgehensweisen zurückgreifen können und sich völlig auf die jeweilige neue Aufgabe einlassen können. Eine Unterrichtseinheit zu Längen erfolgt parallel zur vorgestellten Sachaufgaben-Einheit, allerdings beziehen sich nur einzelne Rechengeschichten auf eine genaue Längenberechnung, so dass die Sachaufgaben-Einheit auch unabhängig von der Längen-Einheit erfolgen kann. Die für die Sachaufgaben erforderlichen Rechenoperationen wie Addition, Subtraktion, Multiplikation und Division im Zahlenbereich bis 100 sind den SuS vertraut und im 3. Schuljahr bis in den Tausenderraum erweitert worden.

### 2.2. Didaktische Überlegungen

#### 2.2.1. Allgemeine didaktische Überlegungen zur Unterrichtseinheit

Sachrechnen dient nach dem Rahmenplan Grundschule nicht dem Selbstzweck, sondern der „Entwicklung der geistigen Fähigkeiten" und der „Bewältigung von Alltagsproblemen".[56] Es stellt die Verbindung zwischen den Arbeitsbereichen Arithmetik, Größen und Geometrie dar und ist auch fächerübergreifend sinnvoll zu nutzen. Im Rahmenplan wird betont, dass ein Ziel des Sachrechnens im Finden verschiedener Lösungsansätze und Lösungswege zum gleichen Problem besteht, wobei die SuS eigenständig ihre und andere Lösungswege auch bewerten und für sich entscheiden, ob sie denselben Lösungsansatz nutzen möchten.[57] Das Bearbeiten offener Denk- und Sachaufgaben im Mathematikunterricht fördert, gemäß Kerncurriculum Hessen, den Aufbau *überfachlicher Kompetenzen*, die die SuS dazu befähigen sollen, „unbekannte und komplexe Herausforderungen erfolgreich bearbeiten zu können" [58]. Das Erlernen einer strukturierten Problemerfassung sowie einer kreativen Modellierungskompetenz[59] werden durch diese Aufgaben unterstützt. Im Bereich der Sozialkompetenz wird die Kooperationsfähigkeit gefördert und die Sachaufgaben tragen auch zu einer erweiterten Sprach- und Textkompetenz der SuS

[56] Rahmenplan, S. 148
[57] Rahmenplan, S. 148f.
[58] Hessisches Kultusministerium: Kerncurriculum Hessen Primarstufe, Rohfassung. Stand März 2010, S. 8
[59] Kerncurriculum, S. 9

bei, indem Texte sinnerfassend gelesen und verstanden werden und in einer Beschreibung des Lösungsweges eigene Gedanken verschriftlicht werden müssen. Eine Erweiterung der Lern- und Arbeitskompetenz wird durch die Präsentation der Ergebnisse und dafür genutzter, angemessener Darstellungsmöglichkeiten ermöglicht.[60] Problemlösekompetenz zeigt sich im Erstellen sachgerechter Lösungen und Reflektieren über den Arbeitsprozess und das Arbeitsergebnis, Lernkompetenz in der Nutzung von Lernstrategien zur Lösung der Aufgaben.[61] Offene Denk- und Sachaufgaben ermöglichen den Erwerb *allgemeiner fachlicher Kompetenzen*, die sich in der Darstellung der individuellen Lösungsmöglichkeiten besonders deutlich zeigen. Der gruppeninterne Austausch über Lösungswege erfordert ein *Kommunizieren* und *Argumentieren*, das über das Mitteilen der Gedanken hinausgeht und zu einem Disput über Lösungen und Alternativen führt und so auch schwächeren SuS Erkenntnisse anträgt, die diese zum Verstehen der Aufgaben benötigen. Die Verschriftlichung der individuellen Lösungswege erfordert neben der sprachlichen Kompetenz auch die Kompetenz, *mit symbolischen Elementen umzugehen* und Worte in die Sprache der Mathematik zu übersetzen. Die gewählten Sachaufgaben erfordern Kompetenzen zum *Problemlösen*, da eine Strategie der Herangehensweise gefunden werden muss. Sachtexte erfordern darüber hinaus das *Modellieren* (s. 1.2.).[62]

### 2.2.2. Ziele der Unterrichtseinheit

In Anlehnung an Spiegel/Selter (2008, 62) sollen die SuS in dieser Unterrichtseinheit folgende Fähigkeiten erwerben:

- Sie erforschen problemhaltige Situationen, entdecken dabei Auffälligkeiten und finden eigene Lösungswege.
- Sie entnehmen aus lebensweltlichen Situationen relevante Informationen, modellieren die Situationen und übertragen die Ergebnisse auf die Sachsituationen zurück.
- Sie stellen Vermutungen über mathematischen Sachverhalte wie Auffälligkeiten, Regeln oder Beziehungen an und begründen ihre Überlegungen.
- Sie ordnen und strukturieren Informationen und drücken diese für andere SuS verständlich und nachvollziehbar aus. Dies erfolgt in mündlicher oder schriftlicher Form und wird durch angemessene Darstellungsweisen anschaulich.
- Sie arbeiten kooperativ mit anderen SuS zusammen und lösen dadurch komplexe Aufgaben. Dabei diskutieren sie eigene und fremde Standpunkte und überlegen gemeinsame Lösungsstrategien.

---

[60] Kerncurriculum, S. 10
[61] Kerncurriculum, S. 14
[62] Kerncurriculum, S. 18

### 2.2.3. Didaktische Überlegungen zu den Unterrichtsstunden[63]

Die Denk- und Sachaufgaben werden in einwöchigem Abstand über 8 Wochen bearbeitet. Das bedeutet eine regelmäßige, aber nicht zu häufige und damit sehr motivierende Arbeit in einem ungewohnten Rahmen, der den SuS bald vertraut wird.

Der Einfluss der Lehrkraft sollte möglichst gering sein und sich weitgehend auf das Protokollieren der Gespräche beschränken, um den Lösungsprozess eigenverantwortlich an die SuS zu übergeben. Nach Röhr[64] verändert jede noch so kleine Einmischung der Lehrkraft das Gruppenergebnis und kann zu Verwirrung führen oder die Eigenverantwortlichkeit aufheben.

Ein fester, wiederkehrender organisatorischer Rahmen gibt den SuS Sicherheit und Orientierung und sollte über die Unterrichtseinheit hinweg verinnerlicht werden.

Es gibt keine Zusatzaufgaben für schnellere Löser, sondern die SuS werden dazu angehalten, ihre individuellen Lösungen weiter auszugestalten und zu verschriftlichen. Dabei können sich die langsameren SuS die benötigte Zeit lassen, um eine Aufgabe zu einem für sie passenden Ende zu führen.

Die SuS erhalten als Vorgabe für die Aufgabenbearbeitung, eine Erklärung ihres Rechen- oder Lösungsweges zu verschriftlichen, und können ansonsten in der Wahl ihrer Darstellungsmittel frei wählen zwischen Verschriftlichungen in Worten, mathematisch-symbolischer Form, Zeichnungen, Tabellen.

Zu jeder Stunde erhalten die SuS ihr „Rechengeschichten"-Heft, ein linienloses DIN A4-Heft, in das von mir auf die rechte, obere Heftseite die Aufgabe eingeklebt wird, so dass jedem Schüler fast eine Doppelseite zur Verfügung steht, um die Aufgabe zu bearbeiten.

Die in der vorherigen Stunde bearbeitete Aufgabe wird von mir durch positive Kommentare gewürdigt, wobei die individuellen Lösungswege auch dem individuellen Leistungsstand entsprechend betrachtet werden. Eine Leistungsbewertung wird von mir nicht durchgeführt, da das Ziel dieser Unterrichtseinheit in einer Steigerung der Motivation zur Lösung problemhaltiger Textaufgaben und einer Erweiterung des Repertoires an Darstellungsmöglichkeiten liegen soll.

### 2.2.4. Begründung der Aufgabenwahl

Ziel des Mathematikunterrichts ist es, „die Freude an der Mathematik und die Entdeckerhaltung der Kinder zu fördern und zu stärken".[65] Dieses Ziel ist auch maßgeblich für die vorliegende Unterrichtseinheit, die trögem Routineaufgabenlösen entgegen wirken soll und Sachaufgaben in Form von spannenden, motivierenden „Rechengeschichten" an die SuS heranträgt. Textaufgaben sind Aufgaben mit einem

[63] entsprechend Rasch, 2008, S. 7
[64] Röhr, Martina: Kooperatives Lernen beim Arbeiten mit der Autobahnkarte. In: Müller, Gerhard N./Wittmann, Erich Ch. (Hrsg.): Mit Kindern rechnen. Arbeitskreis Grundschule – Der Grundschulverband. Frankfurt/Main, 1995, S. 209
[65] Kerncurriculum, S. 16

hohen Anteil an Schriftsprache. Aufgrund des Einzugsgebietes von Bonames mit seiner sehr heterogenen Lerngruppe sowie des Migrationshintergrundes einiger SuS kann dies dazu führen, dass gute Rechner nicht immer gute Löser von Textaufgaben sind, da sie Wörter oder ganze Textpassagen eventuell nicht sinngemäß erfassen können. Die Aufgabenstellung der bearbeiteten Rechengeschichten muss daher einfach und trotzdem ansprechend sein. Daher ist es sinnvoll, bereits erprobte oder von Lehrbuchautoren übernommene Aufgaben zu übernehmen.[66] Einzelne, nicht verstandene Wörter werden im Einstieg geklärt bzw. können auch in der Gruppendiskussion verständlich gemacht werden.

Die von Rasch (2001) bereits erprobten Aufgaben wurden von mir teilweise modifiziert und nach meiner Einschätzung der Lerngruppe entsprechend ausgewählt. Johannes Lehmann[67] hat einige sehr motivierende Aufgaben beigesteuert. Die Aufgaben wurden von mir so gewählt, dass innerhalb der Unterrichtseinheit möglichst unterschiedliche Inhaltsfelder erarbeitet werden, die verschiedene Lösungswege auf unterschiedlichen Niveaus zulassen.[68] Sie sollten jedoch in ihren Darstellungsmöglichkeiten aufeinander aufbauen, so dass zum Ende der Einheit ein breites Spektrum an Darstellungsformen verwendet werden kann (und auch wurde).

### 2.2.5. Kooperative Arbeitsform und Gruppenzusammensetzungen

Lernen unter Gleichaltrigen ermöglicht den SuS die Arbeit unter Gleichrangigen, die keine Anweisungsbefugnis haben und nicht über das überlegene Wissen der Erwachsenen verfügen. Eine geäußerte falsche Lösung ist (bis auf Gegenbeweis) genauso viel wert wie eine richtige.[69] Zwar konstruiert jeder SuS für sich neues mathematisches Wissen. Allerdings liegt der Anlass für diese Neu-Konstruktion im Feststellen eines kognitiven Konfliktes, der in der Interaktion und Konfrontation mit anderen Sichtweisen erfolgt und durch Re- oder Neukonstruktion des Wissens behoben werden kann.[70] Kooperation ist allerdings nicht per se die bessere Sozialform, um Lernen erfolgreicher zu machen. Aufgaben, die auch allein gelöst werden könnten, erfordern keine Kooperation. Erst, wenn durch eine Kooperation eine Aufgabe besser oder überhaupt gelöst werden kann, ist der Nutzen für die SuS erkennbar und fördert die gemeinschaftliche Zusammenarbeit.[71] Kooperative Aufgaben, bei denen höhere Denkprozesse erforderlich sind, lösen bei den SuS oft eine intrinsische Motivation

---

[66] im Speziellen von Renate Rasch und Johannes Lehmann
[67] Lehmann, Johannes:3 PLUS 8 und mitgemacht. 3. Aufl., Berlin, 1989
[68] Walther et al., S. 117
[69] Rahmenplan, S. 146; Röhr, S. 208
[70] Nührenbörger, Marcus/Schwarzkopf, Ralph: Die Entwicklung mathematischenWissens in sozial-interaktiven Kontexten. In: Böttinger, C./Bräuning, K./Nührenbörger, M./Schwarzkopf, R./Söbbeke, E. (Hrsg.): Mathematik im Denken der Kinder. Seelze, 2010, S. 76
[71] Cohen, E.: Bedingungen für kooperative Kleingruppen. In: Huber, Günter L. (Hrsg.): Neue Perspektiven der Kooperation. Hohengehren, 1991, S. 48

aus.[72] Insbesondere auch Aufgaben, die mehrere Lösungen zulassen, oder Aufgaben, deren Lösung nicht auf festgelegten, sondern verschiedenen Wegen erreicht werden kann, sind für eine Diskussion innerhalb einer Gruppe geeignet.[73] Nach Cohen (1993, 48) hängt jeder Schüler von den Beiträgen der anderen ab und nur durch den wechselseitigen Austausch ist eine Produktivität gegeben. Leistungsstärkere SuS innerhalb einer Gruppe agieren häufiger, schwächere SuS äußern sich weniger und enthalten damit der Gruppe ihren, möglicherweise sinnvollen, Beitrag vor.[74] Durch Aufgaben, deren Lösungsmöglichkeiten auf verschiedenen Niveaus erbracht werden können, kann jedoch jeder SuS etwas beitragen, das seinem individuellen Leistungsvermögen entspricht und die Arbeit der Gruppe weiterführt. Durch die gemeinsame Arbeit und gegenseitigen Austausch ist es leistungsschwächeren SuS möglich, die Aufgaben anschaulich zu lösen und stärkere SuS können abstraktere Lösungswege vorschlagen.[75] Nach Rasch (2008, 88) erhalten schwächere SuS Impulse von stärkeren SuS, mit denen sie weiterarbeiten können. Am Lösungsgespräch beteiligen sich i.A. auch schwächere SuS, da sie sich unter Gleichaltrigen eher erlauben, etwas Falsches zu sagen, als beim Lehrer.[76] Fölling-Albers (in Peter-Koop, 2009, 118) gibt zu bedenken, dass nicht grundsätzlich eine Gruppe von SuS gut miteinander arbeiten kann. Befreundete Kinder sind gemeinsam produktiver.[77] Während der Unterrichtseinheit wurden mehrere Gruppenzusammensetzungen erprobt, zunächst heterogene Tischgruppen. Um Freundschaften (nach Oswald) zu berücksichtigen, konnten die SuS für die 6. und 7. Rechengeschichte ihre Gruppen selbst einteilen. Allerdings waren diese noch immer sehr heterogen. Daher wurde für die 8. Rechengeschichte eine Einteilung in homogene Gruppen von mir vorgenommen, um auch den leistungsschwächeren SuS zu ermöglichen, sich stärker in eine Gruppenarbeit einzubringen. Allerdings konnte ich bei den schwachen Gruppen beobachten, dass sie kaum miteinander kommunizierten und den Lösungsweg eines einzelnen Schülers sofort übernahmen, ohne ihn zu besprechen oder zu überdenken.[78] Ein Ergebnis für mich ist daher die Überlegung, dass leistungshomogene Gruppen den schwächeren SuS mehr Frustration zumuten, für stärkere SuS jedoch die Chance auf vielfältigere Entwicklungen bieten. Ich werde daher künftig eine Zusammensetzung präferieren, die zwar eine Gruppe leistungsstarker SuS vorsieht, die anderen SuS sich jedoch in leistungsheterogene Gruppen entsprechend ihrer Freundschaftsbeziehungen zu den anderen SuS selbst einteilen können.

---

[72] Rasch, 2001, S. 72
[73] Röhr, S. 206
[74] Peter-Koop, Andrea: „Wie viele Autos stehen in einem 3-km-Stau?“ In: Ruwisch, Silke/Peter-Koop, Andrea: Gute Aufgaben im Mathematikunterricht der Grundschule. 4. Aufl., Offenburg, 2009, S. 118
[75] Röhr, S. 207f.
[76] Franke, 2003, S. 120f.
[77] Peter-Koop, 2009, S. 124
[78] Dies steht allerdings im Gegensatz zu Peter-Koop, S. 125. Da diese Gruppenzusammensetzung nur ein Mal durchgeführt wurde, ist aber ein abschließendes Ergebnis nicht möglich und wird künftig erarbeitet.

## 2.3. Methodische Überlegungen zu den Unterrichtsstunden

*Reflexion der vorherigen Ergebnisse:* Zu Beginn der Stunde kommen die SuS im Sitzkreis zusammen. An die Tafel hänge ich einige vergrößerte Beispiele für Darstellungsmöglichkeiten der vergangenen Rechengeschichte, z.B. eine Tabelle und eine Skizze. Diese Beispiele und die dazugehörige Aufgabe werden diskutiert und Vor- und Nachteile der Darstellungsweisen sowie der Ergebnisse der vergangenen Aufgabe besprochen.[79] Die Beispiele bleiben während der gesamten Stunde an der Tafel hängen, um als Gedankenstütze zu dienen. Die vergrößerten Beispiele dienen auch zur Erinnerung an die vergangene Aufgabe, die damit gegenwärtig wird. Für diese Phase sind 10 Minuten vorgesehen und, unabhängig von einer Reflexion der vergangenen Stunde, erfolgt sie vor jeder neuen Rechengeschichte, um den SuS eine Entwicklung ihrer Darstellungsmöglichkeiten zu ermöglichen.

*Vorstellen der neuen Denk- und Sachaufgabe:* Die Rechengeschichte wird zweimal von mir vorgelesen und danach können die SuS kurz darüber diskutieren. Dabei werden erste Lösungsideen genannt, verworfen oder weiterentwickelt. In dieser Phase ist es mir wichtig, dass die SuS die Aufgabe verstehen und die Zielvorstellung erfassen. Das Vorstellen der Aufgabe dauert ca. 5 Minuten.

*Lösungsarbeit innerhalb der Gruppen:* Die Hefte werden ausgeteilt und die SuS gehen in ihre Gruppen. Dort schlagen sie das Heft auf und können die Geschichte nochmals selbst nachlesen. Einige SuS werden sofort mit einer Diskussion beginnen, indem sie einen Gedanken laut vor sich hin sagen. Dieser kann von einem anderen Schüler aufgenommen und erwidert werden. Weitere SuS können sich in die Diskussion einschalten. Diese erste Phase des gemeinsamen Gesprächs dauert ca. 10 – 15 Minuten und kann lauter werden. Ich erwarte, dass die SuS sich durchgängig mit dem Thema der Rechengeschichte befassen und erst einen Lösungsansatz mündlich formulieren, bevor sie in der zweiten Phase anfangen, dies in Einzelarbeit schriftlich auszuarbeiten. Diese zweite Phase soll ca. 10 Minuten dauern. Die Gespräche der ersten Phase werde ich mitschreiben, um die Denkprozesse der SuS zu verstehen und darlegen zu können. Allerdings werde ich in jeder Stunde nur einer bis zwei Gruppen zuhören können.[80] Daher werde ich für die Interpretation der Schülerergebnisse vor allem die schriftsprachlichen Dokumente verwenden können, was zu einer Subjektivität führen kann, die m.E. abhängig ist von meiner Vorkenntnis der Leistungsfähigkiet einzelner SuS und von Kenntnissen über die Gruppendynamik, der teilweise eine erhebliche Rolle bei der Darstellung der Ergebnisse zukommt.

*Beendigung der Arbeitsphase/evtl. Reflexion:* Das Ende der Arbeitsphase wird kurz vor Beendigung angekündigt und durch ein Klangsignal deutlich gemacht. Die SuS geben

[79] Franke, 2009, S. 80 zur Bedeutung des Kennenlernens effektiver Strategien und mathematischer Verfahren
[80] Das Diktiergerät konnte die Hintergrundgeräusche nicht von den Äußerungen der beobachteten Schülergruppe trennen, und Videokameras standen nicht zur Verfügung.

ihre Hefte ab und kommen entweder im Sitzkreis zu einer Reflexion zusammen oder beenden die Stunde. Eine Reflexion wird aus zeitlichen Gründen nicht immer direkt im Anschluss möglich sein, sondern teilweise erst in der darauf folgenden Stunde erfolgen, da die SuS eine Aufgabe sehr intensiv bearbeiten sollten. Für die Reflexionszeit, sofern diese stattfindet, sind etwa 10 Minuten vorgesehen.

## 3. Bearbeitung ausgewählter offener Denk- und Sachaufgaben

Im Folgenden zeige ich einige Lösungsdarstellungen der SuS. Die individuellen Lösungswege zeigen sich in den Gruppengesprächen und in ihren Verschriftlichungen im Heft.[81] Die Schülerdarstellungen wurden so ausgewählt, dass sie sowohl individuelle Lösungen als auch die große Bandbreite der Darstellungsmöglichkeiten aufzeigen, die von Rechengeschichte zu Rechengeschichte immer größer wurde. Die Lösungsdiskussionen werden in einem dazu verschriftlichen Lösungsweg aufgegriffen und durch Beschreibung der passenden Schülerlösung erläutert. Ich habe versucht, den einzelnen Lösungsbeispielen die in 1.5. erläuterten Problemlösestrategien zuzuordnen, sofern dies aus der Gruppendiskussion oder dem Hefteintrag ersichtlich war.[82]

### 3.1. Rechengeschichte „Die Schnecke im Brunnen"[83]

| Eine Schnecke in einem 20 m tiefen Brunnen will nach oben auf die Wiese. Sie kriecht am Tag immer 5 m hoch und rutscht nachts im Schlaf wieder 2 m nach unten.<br>Am wievielten Tag erreicht sie den Brunnenrand? |
|---|

Lösungsanspruch: Es gibt nur eine Lösung: Am 6. Tag erreicht die Schnecke den Brunnenrand. Der Anspruch ist für die Lerngruppe recht hoch, da sie zu diesem Zeitpunkt noch nicht die Größe Meter/Zentimeter erarbeitet hatten und auch noch nicht das Lineal untersucht und gezielt eingesetzt wurde.

Art der Aufgabe: Bewegungsaufgabe.

Lösungsdiskussion 1
- 5-2, dann schreibt man das Ergebnis hin, dann plus 2 minus 2.
- Und dann muss man... 5-2 ergibt 3, +5-2 gibt 6, plus 5-2 = 9 und immer so weiter.
- Das geht schwer. Man kann ja nicht wissen, wie viele Tage.
- Doch, wir sollen ausprobieren.
- Ich weiß es: 1 Tag, 2 Tage, 3 Tage, 4 Tage, 5 Tage braucht sie (*nach Aufschreiben der kompletten Rechnung: 5-2=3+5-2=6+5-2=9+5-2=12+5-2=15+5-2=18*)
- 20: 5 *(Tage)* – 2 *(das ist noch übrig bei 20-18)*
- Ne Wand, ne Schnecke, wir brauchen eigentlich gar keine Wand, sondern ein Lineal.
- Ich weiß, wie man sich das einfacher machen kann.
- Genau, ich mach dann immer einen Strich und noch einen.
- Brauch ich beim Lineal 20 m?
- Ne, da geht auch Zentimeter.
- Also 5 cm hoch, dann 2 cm weg.
- Wieder 5 cm hoch, ...
- Ich mal ne Leiter mit 20 cm.
- Ich weiß, wie viele Tage: 11 Tage: 5-2=3 3+5=8 8-2=6 6+5=11 11-2=9 9+5=14 14-2=12 12+5=17 17-2=15 15+5=20
- Eigentlich braucht sie 7 Tage, aber 1 m ist zu viel, deshalb Rest 1

[81] Aufgrund der in 2.4. beschrieben Problematik konnte ich meist nur einer Gruppe zuhören.
[82] Dabei gelten jedoch die o.g. Einschränkungen der subjektiven Interpretation meinerseits.
[83] Rasch, 2001, S. 85; nach Krauthausen/Scherer, 2007, S. 116, wurde diese Aufgabe bereits von Adam Ries verwendet

Reflexion: Die Reflexion im Sitzkreis erfolgte erst in der darauf folgenden Unterrichtsstunde und durch Vorlage von Thomas´ „Treppendarstellung“, die gemeinsam diskutiert wurde. Die Notwendigkeit einer Skizze zum Verständnis wurde in der 6. Geschichte durch die Erstellung von Stabdiagrammen sehr sinnvoll weitergeführt. Anhand der Skizze von Thomas stellten die SuS in der Diskussion fest, dass „man nicht immer gleich rechnen muss“.

Fazit: Die Aufgabe erschien zunächst sehr leicht, in der Reflexion stellte sich jedoch heraus, dass zu schnell gerechnet wurde und die Aufgabe von den meisten SuS nicht richtig gelöst wurde. Viele SuS rechneten dabei mit 3 m als Ergebnis des 24-stündigen Bewegens (tagsüber 5 m hoch, nachts 2 m herunter) und stellten damit die 3er-Reihe dar. Die Idee der Skizze wurde von vielen SuS aufgegriffen. Dabei konnten die SuS erstaunlich präzise eine Maßstabsänderung von 1:100 durchführen und die im Text angegebenen 20 m in Form eines 20 cm langen Brunnenschachtes mitihrem Lineal darstellen. Ebenso wurde die Angabe 5 m in 5 cm umgesetzt und entsprechend eingezeichnet. Interessant war Thomas´ Skizze, die zum Ziel führte, im Gegensatz zu den reinen Rechnungen anderer SuS.

**1. Lösungsweg: Anfertigen einer den Denk- und Vorstellungsprozess unterstützenden Skizze**

Während viele SuS eine Skizze eher zur Ausgestaltung und Illustration der Aufgabe wählten, konnte Thomas damit zu einer richtigen Lösung der Aufgabe gelangen. Seine Strategie kann der „Ziel-Mittel-Analyse“ zugeordnet werden, indem er zunächst den Brunnenschacht in einem Maßstab 1:100 zeichnet. Sowohl im bisherigen Unterricht als auch in dieser Unterrichtseinheit hat Thomas noch keine Skizzen angefertigt und den Gebrauch des Lineal noch nicht geübt. Die fortgesetzte Auf- und Abwärtsbewegung der Schnecke wird durch passende, nebeneinanderliegende Strecken skizziert und damit erreicht sie ihr Ziel klar erkennbar am Ende des 6. Tages. Eine Rechenoperation wird nicht durchgeführt, da die Skizze die Lösung liefert. Da diese Aufgabe bereits die 5. Rechengeschichte war, konnte Thomas die Idee der Skizze, die erstmals von SuS bei der 3. Geschichte vorgestellt worden war, übernehmen. Erst Thomas´ Skizze zeigte in der folgenden Stunde bei der Diskussion der Aufgabe den anderen SuS, dass das Ergebnis 6 Tage war. Die

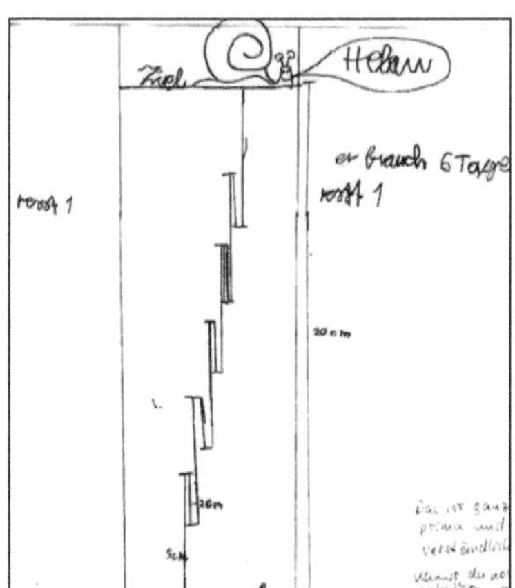

Vorstellung der Skizzen zur Aufgabe bot eine gute Gelegenheit, den SuS das Probieren, Irren und Korrigieren als normal beim Aufgabenlösen zu vermitteln.[84] Thomas´ zeichnerische Leistung zeigt, dass er über diese Kompetenzen verfügt (die er nur selten zeigt, die er jedoch, wird sein Interesse geweckt, überzeugend darstellen kann): Eine Lösungsstrategie mithilfe einer geeigneten Darstellung entwickeln und nutzen. Einem Sachtext die relevanten Informationen (tagsüber +5 cm, nachts -2 cm) entnehmen und in die Sprache der Mathematik übersetzen. Die Lösung auf die Ausgangssituation zurückbeziehen – nach 6 Tagen ist die Schnecke am Brunnenrand („Ziel") angekommen. Er hat sich möglicherweise durch die anderen SuS seiner Gruppe bei der zusätzlichen Kommentierung „rest 1" beeinflussen lassen, denn die anderen Gruppenmitglieder wählten die Gleichung „7 · 3 = 21" und erhielten bei 20 m daher einen Rest von 1 m. Durch die sehr anschauliche Darstellung war es ihm aber möglich, sich gegen die Gruppenmeinung zu behaupten und so die Lösung „er braucht 6 Tage"[85] zu formulieren. Die Darstellungsform Skizze ist von Thomas auch für die folgenden Rechengeschichten zur Lösungsfindung der Aufgabe erfolgreich übernommen worden und ist damit Ausdruck von neu erworbener Kompetenz.

**2. Lösungsweg: Lösungsfindung durch das Ausführen von Rechnungen**

Murat hat große Probleme mit Zeichnungen und in der Feinmotorik, so dass er nur sehr langsam und bemüht und nur in Druckschrift schreibt. Seine Bearbeitungen der bisherigen Aufgaben erfolgten stets durch die Aufstellung von Gleichungen in Absprache mit seinen Gruppenmitgliedern[86]. Die Skizze des Brunnens stellt daher weniger seine Lösungsfindung dar, sondern ist, in Anlehnung an Zeichnungen der anderen SuS, die Darstellung seiner rechnerischen Ergebnisse. Seine Begründung zeigt allerdings, dass die Skizze für das Gesamtergebnis erheblichen Nutzen hat, da er erklärt: „Erst bin ich auf 11 Tage gekommen." Zählt man die ausgeführten Einzelrechnungen, sind es nur 10 Rechnungen, durch die in der Skizze eingetragene erste Zahl – „5" – wird aber deutlich, dass er außer seinen 10 Rechnungen auch den Anfangswert (zunächst als Einzeltag) verwendet hat. In der Skizze werden von unten nach oben, dem Brunnenrand zu, die Ergebniszahlen eingetragen, auch wenn dadurch das nächtliche Herunterrutschen und der daraus resultierende kleinere Wert oberhalb des (höheren) Tageswertes steht. Leider hat Murat nicht erläutert, wie er auf „7 tage" kam, so dass ich vermute, dass dies das Ergebnis der Gruppe war, dessen Wert er ohne

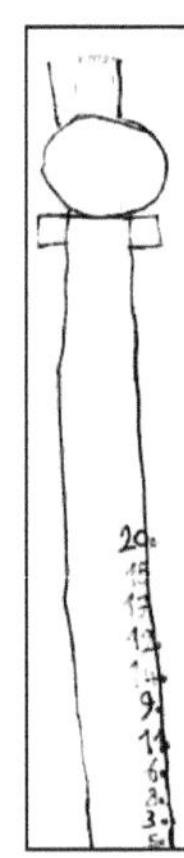

[84] Eichler, Klaus-Peter: Skizzen als Hilfen beim Lösen von Sachaufgaben. In: Praxis Grundschule 5-2008, Westermann-Verlag, S. 30

[85] zur besseren Verständlichkeit sind die Verschriftlichungen von mir in korrekte Rechtschreibung übertragen worden

[86] es handelt sich hierbei um eine sehr heterogene Gruppe, die aus 6 SuS besteht, von denen jeweils 2 SuS dem oberen, mittleren und unteren Leistungsniveau zugeordnet werden können

eigenes Nachvollziehen übernahm. Murat verwendet hier die in der (o. transkribierten) Gruppendiskussion bereits ersichtliche „Strategie des Generierens und Testens von Lösungen“. Mehrere Alternativen wie Rechenoperationen und Skizzen werden nacheinander überlegt und teilweise verworfen. Die Gruppenmitglieder suchen sich aus den Lösungsmöglichkeiten die für sie passende heraus. Bei Murat zeigt sich ein Kompetenzzuwachs beim Darstellen, da er erstmals eine Skizze anfertigt, die seine Lösungsfindung verdeutlicht und beim Modellieren, indem er in der Sachsituation ein Muster erkennt („erst 5+ gemacht dann 2-"), dieses bis zur Zielzahl 20 fortschreibt und damit zu einer innermathematischen Lösung kommt; die Erklärung seines Rechenweges und auch seines eigenen Ergebnisses („11 tage“) zeigt sein Nachdenken über seine Lösung und seine Fähigkeiten in der Kompetenz Argumentieren. Es ist ihm allerdings nicht möglich, die Lösung auf die Ausgangssituation zurückzubeziehen und die Tatsache, dass „ein Tag“ aus Tag+Nacht besteht, auf die Aufgabe zu übertragen.

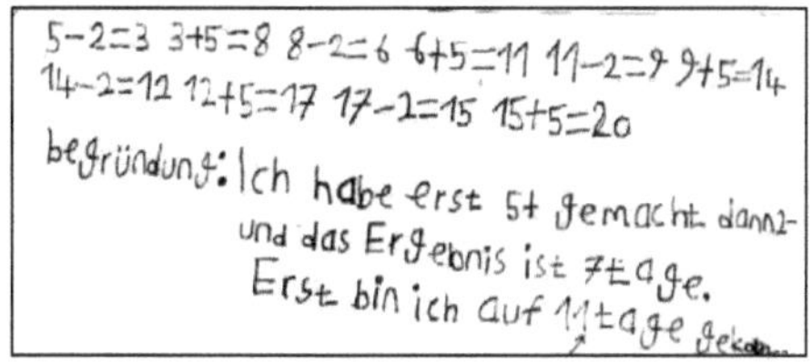


**3. Lösungsweg: Lösungsfindung durch Auflisten der Daten in Form einer Tabelle**

Marta verwendete erstmals in der 4. Rechengeschichte (nach Besprechung der Ergebnisse der 3. Aufgabe, die die Tabelle als sinnvolles Darstellungsmittel aufzeigte) eine Tabelle. Die 1. bis 3. Aufgabe hatte sie durch Rechenoperationen gelöst. Die Tabelle zeigt sehr deutlich den Lösungsweg – Tag +5 und Nacht -2 □ und auch, dass nach 6 Tagen und 5 Nächten der Brunnenrand erreicht ist. Als Martas Strategie vermute ich die „Ziel-Mittel-Analyse“, indem sie ihre Tabelle so lange fortschreibt, bis sie das Ergebnis von 20 erreicht hat. Marta hat in der 6. Zeile erkannt, dass die Schnecke bereits oben angekommen ist, daher rutscht sie in der Nacht „-0“ ab. Ihren Rechenweg zeigt sie zusätzlich in ihren Gleichungen, die 11 Einzeloperationen umfassen. Als Erklärung schreibt Marta: „Wir haben erstmal 5-2=3 gerechnet, dann 3+5 gerechnet... und am Ende haben wir alles zusammen gerechnet und sie braucht 11 Tage + Nacht“.

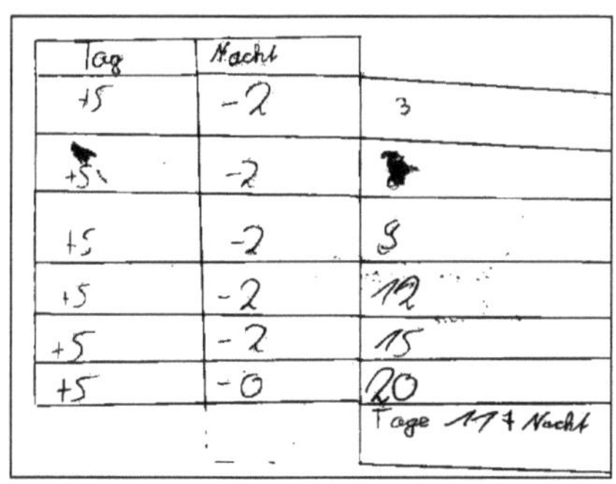


Möglicherweise hat sie zwar den Text gelesen, aber die Frage nicht genauer betrachtet, denn ihre Erklärung bezieht sich nicht direkt darauf, sondern gibt die Anzahl der Rechenoperationen wieder. Vermutlich hat sie zunächst gerechnet und, zur besseren Veranschaulichung, diese Daten in eine Tabelle eingetragen, so dass sie – beim richtigen Ablesen der Tabelle – eigentlich auf 6 Tage als Ergebnis hätte kommen können. Hier ist noch eine Unsicherheit bei der Rückübertragung der mathematischen Ergebnisse in das Realmodell zu erkennen, obwohl Marta sonst eine sehr leistungsstarke Schülerin ist und ihre Tabelle eine sehr kreative Darstellungswahl zeigt. In ihrer Gruppe (und auch in der gesamten Lerngruppe) war diese Darstellung einzigartig und wurde von den Gruppenmitgliedern nicht übernommen. In den folgenden Rechengeschichten zeigt Marta ihren Kompetenzzuwachs im Darstellen durch die sehr anschauliche Skizzen oder Tabellen.

### 3.2. Rechengeschichte „Die Größe der Mädchen“[87]

Vier Mädchen sollen sich in einer Sportgruppe der Größe nach aufstellen. Es ist bekannt: Anne ist kleiner als Lotta, Selina ist kleiner als Clara, Lotta ist kleiner als Selina, und Clara ist größer als Anne.
In welcher Reihenfolge müssen sich die Schülerinnen aufstellen?

Lösungsanspruch: Anne ist die Kleinste, Lotta ist die Zweitkleinste, Selina ist die Dritte und Clara die Größte. Die Aufgabe ist anspruchsvoll, da sie nicht durch Gleichungen oder Terme lösbar ist und damit einen anderen Lösungsansatz erfordert.
Art der Aufgabe: Vergleichsaufgabe.

Lösungsdiskussion 2
- Ich wollte sie nach der Reihe aufstellen, aber ... es sind doch mehr als 4.
- Wieso mehr? Nur 4.
- Clara, glaub ich, ist die Größte. Hier steht, Clara ist die Größte.
- Da kann man nur schätzen, nicht denken, bei der Aufgabe.
- Ist zu schwer. Ich glaub, Selina ist die Größte.
- Wir schreiben erst mal so, die Reihenfolge auf. Wenn z.B. Lotta kleiner ist als die, dann können wir das durchstreichen. Aber wir machen nur Namen, nicht malen, mit Komma.

*(Die SuS beginnen, zeilenweise die Namen der 4 Mädchen nebeneinander zu schreiben, durch Kommas voneinander getrennt.)*
- Wir schreiben Namen, in so ner Reihe, aber anders.
- Ich versteh es, wir vertauschen die Namen. *(dieser entscheidende Impuls wurde vom leistungsschwächeren Schüler aufgenommen und verstanden)*
- Man kann da aber nur vier mal so was tun.
- Der Felix meint, wir sollen die 4 Namen hinschreiben. Dann sollen wir die durchstreichen, die nicht klappt, die Reihe.
- Wir probieren dann alle Reihenfolgen aus.
- Ich hab eine Idee. Der Felix schreibt, wie viele Möglichkeiten es gibt.
- Es gibt ja 4 Mädchen, und die sind ja in einer Reihe.
- Ok, ich glaub, ich habs jetzt.
- Wir hatten doch begründet, dass Clara die Größte ist.

[87] Lehmann, Johannes: 3 PLUS 8 und mitgemacht. Berlin, 1989, S. 37

Lösungsdiskussion 3
- Selina ist die Zweitgrößte von allen. Lottta ist die Drittgrößte. Anne ist die Letzte.
- Da steht nirgendwo, dass jemand größer ist als Clara.
- Ich mach Striche, und am Ende guck ich, welcher Strich am größten ist.

Reflexion: Die Reflexion erfolgte in der nächsten Stunde und befasste sich mit den verschiedenen Darstellungsmöglichkeiten. Dies regte die SuS zu einer lebhaften Diskussion über die Notwendigkeit einer Skizze zur Lösungsfindung an.

Fazit: Die Aufgabe ergab großen Diskussionsbedarf, der jedoch vollständig im fachlichen Bereich ablief. Sicherlich liegt dies auch am starken Alltagsbezug, denn im Sportunterricht, auch bei vielen Freizeitaktivitäten, stellen sich Kinder nach bestimmten Bedingungen auf, und diese Aufgabe greift diese Art des Vergleiches auf.

**1. Lösungsweg: Lösungsfindung durch Auflisten aller möglichen Kombinationen**

Felix, ein besonders leistungsstarker Schüler, erkennt schnell, dass durch Aufschreiben aller möglichen 24 Kombinationen (jeder Name bildet 6x den Anfang der Reihe) und Überprüfen der im Text genannten Bedingungen die richtige Reihenfolge ermittelt werden kann (s. Lösungsdiskussion 2). Ich vermute dabei die „Strategie zur Begrenzung des Suchbereichs“, da er zunächst die erste Bedingung erfüllt und alle Mädchennamen nebeneinander schreibt. Die Formulierung von Unterzielen (Vertauschen der Namen, dann Überprüfen der Reihenfolgen) ermöglicht es auch der Gruppe, seine Strategie nachzuvollziehen. Er beginnt zunächst mit der Auflistung entsprechend der im Text genannten Namen. Dass dies auch die richtige Reihenfolge ist, fällt ihm auf, nachdem er schon einige Kombinationen durchprobiert hat. Um auch sicher alle Kombinationen aufzulisten, vertauscht er systematisch zunächst die beiden letzten Namen (in Zeile 1 und 2 sind das Selina und Clara), dann stellt er den 3. Namen an 2. Stelle und geht nach dem gleichen Prinzip – Vertauschen der beiden letzten Namen – weiter vor. Im Verlauf des Aufschreibens erkennt er durch Vergleich mit Ausgangszustand und Endziel („Ziel-Mittel-Analyse), dass die letzten 12 Kombinationen unmöglich sind, da die zuerst genannten Mädchennamen keinesfalls die kleinsten Mädchen sind. Statt weiter alle Namen in einer Reihe aufzulisten, beginnt er in Zeile 2 mit seiner Überprüfung und erhält in Zeile 4 das richtige Ergebnis. Felix Lösungsfindung zeigt deutlich seine hohen Kompetenzen in Bezug auf das Entwickeln einer passenden

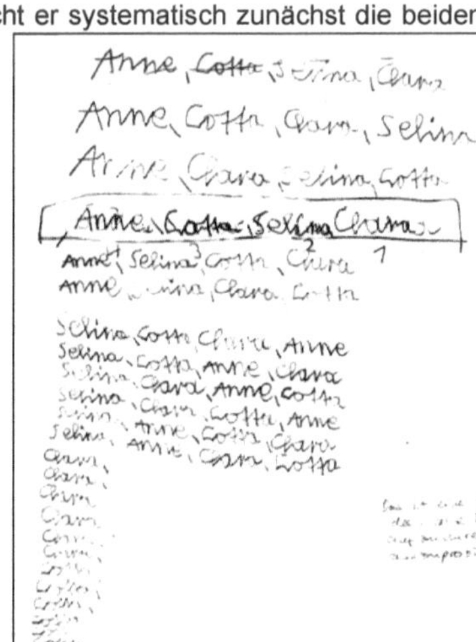

Lösungsstrategie (systematisches Probieren), das Erkennen von mathematischen Zusammenhängen und Entwickeln von Vermutungen, mathematisches Modellieren und das (Er)Finden einer passenden Darstellung, ohne bisher ein solches Problem im Unterricht erarbeitet zu haben. Felix versuchte bisher immer, eine Lösung durch Rechenoperationen zu finden. Jedoch erschien ihm wohl eine Skizze nicht hilfreich. Die Form der Tabelle (ohne Gitterlinien) ist hier angedeutet, nachdem die Idee der Tabelle bereits in den letzten zwei Aufgaben als überaus sinnvoll diskutiert worden war.

**2. Lösungsweg: Das Nutzen von Vergleichsoperatoren in Skizzen**

<u>Marie</u> findet die Lösung durch verschiedene, vergleichende Skizzen. Dabei wendet sie vermutlich die „Strategien des Generierens und Testens von Lösungen“ an, erkennbar an ihren verschiedenen Lösungs-darstellungen: Vermutlich erstellt sie zunächst die obere Skizze und versucht, den Vergleichsoperator „kleiner als“ (<) für alle Vergleiche einzusetzen. Der letzte Vergleich – „Clara ist größer als Anne“ – misslingt jedoch, da hier das Größerzeichen eingesetzt werden muss (Marie verwendet hier fälschlich das Kleinerzeichen anstelle des Größerzeichens). Im Gespräch mit den Gruppenmitgliedern könnte ihr das aufgefallen sein, so dass sie dann in der unteren Skizze die Namen der Mädchen nebeneinander statt untereinander schreibt, wie sie im Text vorkommen. Der im Text genannte Vergleichsoperator „kleiner als“ (<) wird dreimal ausgeführt, dann ist jedoch der Vergleichsoperator „größer als“ (>) für den letzten Vergleich erforderlich. Beim Einzeichnen der Vergleichsoperatoren zeichnet Marie auch ein Stabdiagramm auf, das sie (in der Kopie hier nicht mehr erkennbar) zunächst vom Namen herunter entsprechend der Längenrelation erstellt. Dabei stellt sie fest, dass – möglicherweise in Anlehnung an das nach Weihnachten erarbeitete Säulendiagramm – eine Grundlinie und von dieser ausgehend Stäbe/Linien nach oben den Sachverhalt besser darstellen. Sie radiert die vom Namen nach unten verlaufenden Striche (fast vollständig) wieder weg und ersetzt sie durch das dargestellte Stabdiagramm (s. Lösungsdiskussion 3). Marie zeigt in dieser Aufgabe einen Kompetenzzuwachs beim Darstellen, indem sie es schafft, Darstellungen miteinander zu vergleichen und sogar zu kombinieren. Es ist ihr gelungen, die Sachsituation in ein mathematisches Modell (durch die

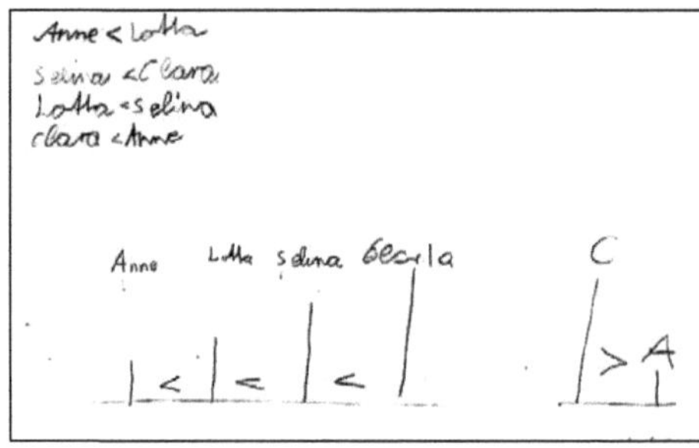

Vergleichsoperatoren sehr anschaulich) zu übersetzen und diese (auf der anderen Heftseite) als Ergebnis aufzulisten.

### 3.3. Rechengeschichte „Handschläge beim Abschied“[88]

Heute ist der letzte Schultag vor den Osterferien. Jetzt sind zwei Wochen lang Ferien. Auch Katharina, Birgit, Felix und Jan verabschieden sich voneinander. Sie geben sich noch einmal gegenseitig die Hand.
Wie viele Handschläge werden zwischen ihen gewechselt?

Lösungsansatz: 6 Handschläge werden zwischen den Kindern gewechselt. Auch diese Aufgabe ist anspruchsvoll und kann nicht durch einfaches Multiplizieren nach einem bekannten Schema gelöst werden.

Art der Aufgabe: Aufgabe mit kombinatorischem Hintergrund.

Lösungsdiskussion 4
- Lasst uns erst mal selber Handschläge geben.
- 1, 2, 3, 4, 5, 6 (*über Kreuz gegeben*).
- Jedes Kind schlägt 2 mal.
- Ne, 3 mal.
- Jeder schlägt 3 mal.
- Warte, wenn jeder 3 mal schlägt, dann wäre es so: 3, 6, 9, 12.
- Wir machen es so: Jeder gibt 1 mal die Hand.
- Es muss einfach 6 sein.
- Nochmal, ich kapier es nicht.
- Machen wir es so: Louis gibt ihm 1 mal, dann ihm 1 mal, dann mir 1 mal die Hand.
- Dann gibt Murat Thao die Hand, dann mir.
- Und dann gebe ich noch ihm die Hand.
- Es sind 6: 2·3.

Lösungsdiskussion 5
- 4·3=12, es sind ja 4 Stück, und man gibt sich ja nicht selbst die Hand.
- Ich hab 4·2=8, weil ich dachte, das kann man ja aufteilen, weil es ja 4 Kinder sind.
- Vielleicht sollten wir wirklich jedem die Hand schütteln.
- Numan gibt jedem die Hand und er kann sich ja nicht selber die Hand geben. Und dann gibt der Thomas jedem die Hand und das sind auch wieder 3, und beim Robert auch. *(ein tatsächliches Händeschütteln erfolgte jedoch nicht)*

Reflexion: Die Reflexion erfolgte im Sitzkreis und wurde von mir initiiert, indem ich genau 3 SuS die Hand schüttelte und dabei alle SuS mitzählten. Dabei wurde von einigen Gruppen festgestellt, dass sie dies genauso gemacht hätten und auf dieselbe Zahl (6 Handschläge) gekommen wären. Nun wurde die Runde der Händeschüttler auf 5 erweitert und zunächst vermutet, wie viele Handschläge es damit würden. Der von einigen SuS bemerkte „Trick“: (n-1)+(n-2)+…1 wurde gemeinsam erarbeitet und führte zu dem Ergebnis 4+3+2+1=10 Handschläge.[89]

[88] Rasch, 2001, S. 84 für 2. Klasse; Rasch, 2008, S. 49 für 3. Klasse, etwas abgewandelt
[89] Als Abschluss schüttelte ich allen SuS die Hand und fragte dann, wie viele Handschläge es wären, wenn sich nun jeder von jedem verabschieden würde. Diese Kopfrechenaufgabe wurde von einigen leistungsstarken SuS gelöst.

Fazit: Bei der 8. Rechengeschichte ist einigen SuS bereits klar geworden, dass diese Problemaufgaben nicht unbedingt allein lösbar sind, sondern dass es hier sinnvoll sein kann, zunächst auf der enaktiven Ebene vorzugehen und die Aufgabe durch eine Handlung nachvollzogen werden kann. Diese Vorgehensweise war interessanterweise eine Idee der leistungsstärkeren SuS und wurde in den leistungsschwachen Gruppen nicht durchgeführt. Mit erscheint dies deshalb bemerkenswert, weil gerade schwächere SuS besonders zu tatsächlichen Handlungen mit Material aufgefordert werden und es für sie oft üblich ist, mit Veranschaulichungsmitteln Aufgaben auf der enaktiven Ebene durchzuführen. Einige Gruppen lösten die Aufgabe (nicht richtig) durch Multiplikation (3. Lösungsweg). Eine schwache Gruppe rechnete „4·4 = 16". Diese Gruppe führte keine Handlung durch und diskutierte nur sehr wenig. Viele SuS zeichneten die 4 Kinder nebeneinander in ihr Heft und bemerkten nicht, dass dies realitätsfremd war, auch den die Handlung selbst durchführenden SuS fiel dies nicht auf.

**1. Lösungsweg: Lösungsfindung durch Ausschluss von Kombinationen mithilfe einer Skizze oder einer Tabelle**

Luisa erstellt eine Skizze, in der die 4 händeschüttelnden Kinder durch Strichmännchen (mit langen oder kurzen Haaren für das Geschlecht) dargestellt sind. Das in der Reihe zuerst gezeichnete Kind ist in der folgenden Reihe entfernt worden, so dass am Anfang der Reihe jeweils das zweite Kinder der darüber liegenden Reihe zuerst erscheint. In ihrer Erklärung schreibt Luisa dazu: „Jan schüttelt zuerst mit allen die Hand, also hat jeder schon einmal Jans Hand geschüttelt, also braucht man Jan nicht mehr. Als nächstes schüttelt Felix die Hand von Katharina und Birgit. Und als letztes schüttelt nur noch Katharina Birgits Hand und zusammen ergibt das 6." Dabei hat sie erkannt, dass kein Kind sich selbst die Hand schüttelt und dass, wenn Kind A die Hand von Kind B geschüttelt hat, dieses Kind B nicht nochmals die Hand von Kind A schütteln muss, um sich zu verabschieden. Ihre Kompetenzen zeigt sie dabei besonders im Bereich des Modellierens, da es ihr gelingt, den Sachtext in ein innermathematisches Modell zu übersetzen und darzustellen (Strichmännchen) und aus dieser Skizze heraus festzustellen, dass die Rechenoperation 3+2+1=6 (Handschläge) ist. Die Skizze ist eine besonders effektive Darstellung, da der Ausschluss von bereits „verabschiedeten" Kindern aus der anfänglichen 4er-Reihe sehr deutlich zu erkennen

ist. Zwar wäre die Skizze ohne den erläuternden Text von Luisa nicht so einfach zu erkennen gewesen, aber durch ihre Fähigkeiten im Kompetenzbereich Argumentieren ermöglicht sie dem Leser, ihre mathematischen Zusammenhänge zu erkennen, nachzuvollziehen und zu bestätigen.

Marta ist in derselben Gruppe wie Luisa und kommt zu demselben Ergebnis, stellt ihren Lösungsweg jedoch durch eine Tabelle dar. Dabei wird deutlich, dass eine Gruppe ihre Lösung der Aufgabe durch Kommunikation und gemeinsames Handeln findet, die Lösungs-darstellung aber sehr individuell und dem jeweiligen Schüler entsprechend ist. Bei Marta fällt, im Vergleich mit Luisa, noch auf, dass in der Gruppendiskussion zwar die Grundlage für die Lösung gelegt wurde; aber nicht nur die graphische Ausgestaltung, auch die Reihung der Kinder ist unterschiedlich, und das zeigt, dass sich beide Schülerinnen vor ihrer Notation nochmals genau die Aufgabe und ihren Lösungsweg einzeln überlegt haben.

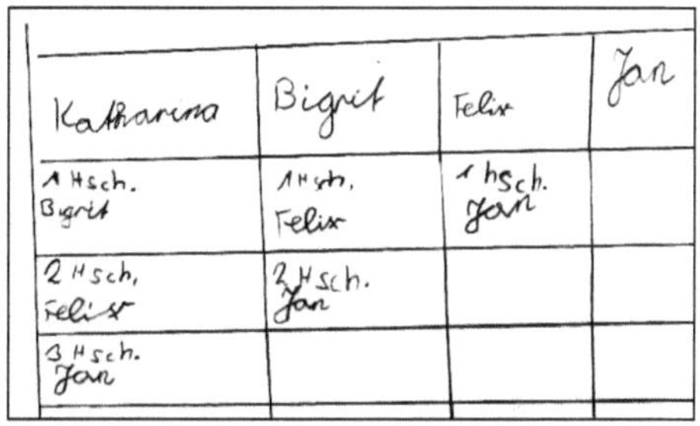


**2. Lösungsweg: Lösungsfindung durch das Ausführen einer Handlung und Darstellen der Handlung in einer Tabelle**

Laurenz und seine Gruppe stellen fest, dass sie ebenfalls 4 Kinder sind und wenden diese Erkenntnis auf den Sachtext an, indem sie sich selbst an die Stelle der Kinder in der Aufgabe setzen und sich gegenseitig die Hände schütteln. Die einzelnen Handschläge werden in einer Tabelle dokumentiert, so dass Laurenz daran direkt ablesen kann, wie viele Handschläge es insgesamt sind. Gleichzeitig dient die Tabelle der Überprüfung des Ergebnisses und der Durchführung der Handlung, indem (nahezu) systematisch alle SuS sich nacheinander die Hand geben. Die Systematik würde ich so beschreiben: Zunächst geben sich jeweils 2 Schüler die Hand (Zeile 1 und 2). Dann wird überkreuz geschüttelt, so dass in den folgenden 2 Zeilen erneut alle 4 Schüler sich einmal die Hand geben. Damit hat jeder Schüler jeweils 2x eine Hand geschüttelt, insgesamt waren es 4 Handschläge. Dieses Verfahren wird auch in Zeile 5 und 6 angewendet, so dass erneut alle Schüler sich die Hand geben, jeweils 2 Schüler 2 anderen

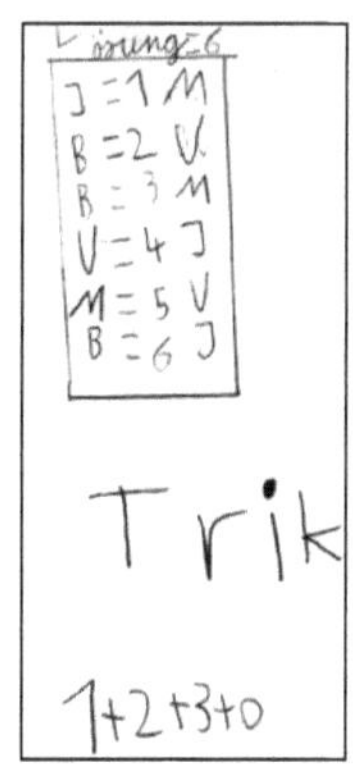

Schülern. Damit hat jeder Schüler insgesamt 3 Hände geschüttelt, bei 6x Handschlägen gesamt.[90] Entsprechend der Lösungsdiskussion 4 vermute ich hier die „Mittel-Ziel-Analyse", da diese SuS bereits durch Hand-lungen das Ziel festgelegt haben und nun versuchen, den Weg dorhin zu erklären. Den von Laurenz beschriebenen „Trik" erkannte die Gruppe nach mehrfacher Handlungsdurchführung und dem oben beschriebenen Lösungsgespräch der Gruppe .

**3. Lösungsweg: Auflisten der gedachten Handlungen in einer Tabelle**

Inga ermittelt, dass sich jedes Kind nicht selbst die Hand schüttelt, jedoch allen anderen Kindern jeweils 1x die Hand gibt. Daraus bildet sie eine Rechenoperation 4·3=12. Dabei hat Inga richtig erkannt, dass sich kein Kind selbst die Hand schütteln kann. Durch ihre Tabelle kann sie ablesen, dass die Rechenoperation 3+3+3+3 der Multiplikation 4·3 entspricht. Dieses Ergebnis wird von ihrer Gruppe (Lösungsdiskussion 5) ohne handelnde Überprüfung gefunden. Der Lösungsweg ist gut durchdacht und würde für eine andere, ähnliche Aufgabe passen, wenn die Aufgabe nicht aufgrund der Alltagserfahrung das zweite, sozusagen „Zurück"-Schütteln untersagen würde. Inga ist eine gute, allerdings langsam arbeitende Schülerin, der Mathematik Freude macht. Sie ist in der Lage, Probleme zu verstehen, aber nicht, auf eine problemhaltigere Aufgabe flexibel zu reagieren. Ihr liegt es, ein bestimmtes, gekanntes und gut eingeübtes Schema anzuwenden, und damit kann sie i.A. (fast) alle Aufgaben richtig lösen.

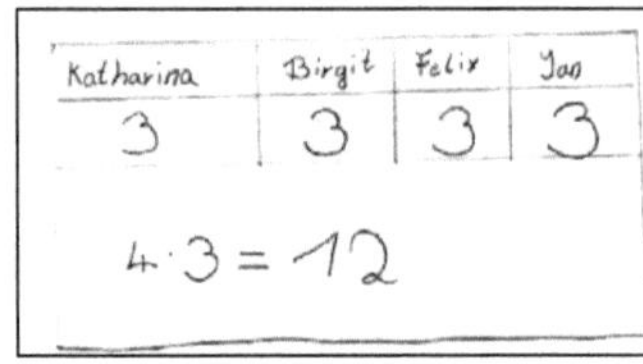


[90] Dieses Verfahren erschließt sich nicht allein aus der Tabelle, sondern auch aus meiner Beobachtung der Gruppe und ihrer Lösungsdiskussion 4.

# 4. Auswertung der Unterrichtseinheit und Fazit

## 4.1. Entwicklung der Darstellungsmöglichkeiten

Bei allen SuS ist eine Weiterentwicklung von der Ebene der rein symbolisch-formalen Darstellung zur ikonischen Ebene erkennbar. Obwohl dies scheinbar ein Widerspruch zum EIS-Prinzip nach Bruner[91] ist, erfordern die Sachaufgaben einen umgekehrten Weg: Von der symbolischen Darstellung, die im Unterricht regelmäßig geübt und angewendet wird, zur selbst gewählten, die Aufgabe erklärenden, zeichnerischen oder tabellarischen Form. Dazu muss der gesamte Modellierungskreislauf durchlaufen werden und die SuS müssen aus dem ihnen zur Verfügung stehenden Repertoire an Darstellungsmöglichkeiten eine passende wählen. Das erfordert erhebliche kognitive Leistungen und ein zunehmend erweitertes Wissen über diese Möglichkeiten. Durch die Reflexion der Schülerergebnisse in der gesamten Lerngruppe erhielten alle SuS Impulse zu weiteren Darstellungsmöglichkeiten, die von ihnen auch zunehmend genutzt wurden, um die Aufgaben zu lösen, und auch, um sie zu erklären.[92] Dabei wurde die Kompetez „Darstellungen miteinander vergleichen und bewerten" gefördert, da jede Aufgabe eine andere Lösungsstrategie und eine andere Darstellungsweise erforderten. Das Verschriftlichen der Lösungswege in graphischer, schriftlicher, symbolischer Form ermöglichte jedem Schüler ein Nachvollziehen der eigenen, aber auch der Lösungswege der anderen. Dabei wurden individuelle Lösungen dargestellt und verständlich, auch für den Schüler selbst, erläutert. Die Aufschriebe waren in den jeweiligen Gruppen meist ähnlich, jedoch, und das ist das Besondere bei dieser Einheit, trotz der gemeinsamen Lösungsfindung wurden die Lösungsdarstellungen der Gruppenmitglieder mit zunehmender Wissenserweiterung während der Unterrichtseinheit von Rechengeschichte zu Rechengeschichte immer individueller, so dass ersichtlich wurde, dass der Lösungsansatz zwar die Richtung bestimmte, aber jeder SuS eine andere Vorstellung der Repräsentation des Ergebnisses hatte. Nachdem die SuS die Möglichkeit der Skizzierung in ihr Darstellungsrepertoire aufgenommen hatten, wurden immer neue Ideen, auch zur selben Aufgabe, gezeichnet. Dies zeigt, dass es ihnen Spaß machte, sich verschiedene Lösungsdarstellungen zu überlegen, und die Aufgaben sehr motivierend waren. Die Entwicklung des Zeichnens ging in dieser Unterrichtseinheit mit der zunehmenden Fähigkeit des Verschriftlichens des Lösungsweges und der Nutzung der mathematisch-symbolischen Form durch Tabellendarstellung, Gleichungen, Rechenaufgaben einher und zeigt, dass viele SuS durch diese Art der Textaufgaben angesprochen wurden und nun flexibler Darstellungsmöglichkeiten ausprobieren und anwenden.

[91] zunächst die enaktive Stufe (Handlung), dann die ikonische (bildliche Darstellung), als höchste Entwicklungsstufe die symbolische Darstellung
[92] Rasch, 2001, S. 17

## 4.2. Die große Motivation zur Bearbeitung der Denk- und Sachaufgaben

Beim Ankündigen einer neuen „Rechengeschichte" waren die SuS immer sehr motiviert und begannen noch in der Einstiegsphase mit der Ideenfindung und Lösungsansätzen. Während der Arbeitsphase in den Gruppen wurde durchgehend nur über die Aufgabe miteinander gesprochen und gemeinsam beraten. Auch schwächere SuS konnten eigene Gedanken aussprechen, die von den anderen SuS aufgenommen und besprochen wurden. Auch im weiteren Verlauf des Unterrichts, nach der beschriebenen Einheit, waren die SuS interessiert am Lösen und auch Erfinden eigener Rechengeschichten. Dies zeigt, dass das *eigentlich* uninteressante (und von Erwachsenen ungeliebte) Thema „Sachrechnen" durchaus von den SuS gerne aufgenommen werden kann. Folgende Gründe vermute ich für das große Interesse der SuS bei der Bearbeitung der Rechengeschichten:

- Die Geschichte sprach die SuS vom sprachlichen Ausdruck und/oder vom lebensweltlichen Inhalt her sofort an.
- Es handelte sich nie um eine einfach zu lösende Routineaufgabe, sondern es musste etwas geknobelt werden und war damit auch für die stärkeren SuS eine Herausforderung.
- Die Kommunikation innerhalb der Gruppen, speziell der schüler-gewählten Zusammensetzung, half bei der Lösungsfindung.
- SuS, die gerne laut denken, hatten hier die Möglichkeit dazu, und andere SuS, die dabei Impulse erhielten, konnten eine eigene Lösung finden und erhielten damit ein gutes Erfolgserlebnis.
- Es gab keine Bewertung, kein Schüler erhielt ein negatives Feedback. Die Gruppe konnte die Lösung gemeinsam finden und jeder SuS individuell ausarbeiten.

## 4.3. Fazit: Offene Denk- und Sachaufgaben als Möglichkeit eines anderen Zugangs zum Sachrechnen

Das strategische Lösungsverhalten der SuS entwickelte sich mit zunehmender Übung durch die erfolgreiche Lösung von Problemaufgaben weiter und ermöglichte die Darstellung in Tabellen, Skizzen, schriftlichen Erklärungen nebeneinander. Dabei wurden heuristische Herangehensweisen weiterentwickelt.[93] Beim Vergleich der Lösungsprozesse konnte ich feststellen, dass die SuS die Aufgaben nicht nach einem festen Schema, sondern individuell mit unterschiedlichen mathematischen Modellen und Methoden lösen konnten. Die Aufgaben wurden im Gruppenprozess gemeinsam und fast immer richtig gelöst, so dass auch die leistungsschwächeren SuS einen Lernerfolg erzielen

[93] Rasch, 2001, S. 16

konnten. Durch eine spannende, ansprechende Aufgabe ergab sich ein intrinsich motiviertes Lösungsverhalten, das durch eine Kultur des Aufgabenlösens verstärkt wurde.[94] Kooperative Arbeitsformen ermöglichten auch den leistungsschwächeren SuS, den teilweise recht hohen Schwierigkeitsgrad der Aufgaben zu bewältigen, indem durch Kommunikation, Ideen und Impulse aus der Gruppe heraus diesen schwächeren SuS ein Ansatz gegeben wurde.[95] Sowohl eine leistungsheterogene Gruppenzusammensetzung als auch homogene Gruppen ermöglichten dabei den SuS Lernerfolge, konnten aber auch zum Rückzug einzelner (schwächerer) SuS führen konnten.
Die Aufgabe, der eine räumlich-zeitliche Beziehung zugrunde lag[96], konnte nur von den SuS richtig gelöst werden, die das dargestellte Geschehen richtig in ein räumliches Modell bzw. eine funktionale Sicht (Tabellenform) umsetzen konnten. Eine lineare Darstellung (z.B. beim Händeschütteln) erbrachte eher keinen Erfolg, da das Problem so nicht veranschaulicht werden konnte. Damit zeigte sich, dass eine zeichnerische Gestaltung eines Problems eine unterstützende Funktion haben, aber auch zu Falschvorstellungen führen kann.
Heuristische Lösungsarbeit ist bei den üblichen Textaufgaben[97] nicht gefragt. Bei offenen Denk- und Sachaufgaben ist sie aber notwendig, denn die Lösung ist oft nicht sofort ersichtlich. Auch der Lösungsweg nach einem eingeübten Algorithmus fehlt, so dass das bisher erworbene mathematische Wissen und ein allgemeines Lösungswissen notwendig sind, um die Aufgabe zu lösen. Ich konnte beobachten, dass mit zunehmendem Erfolg beim Lösen der Aufgaben die SuS heuristische Strategien stärker einsetzten und auch die Kommunikation angeregter wurde. Nach der Untersuchung von Rasch waren am Ende der Grundschulzeit reine Probierstrategien nur noch selten beobachtbar und wurden durch bewusstes Nutzen und Denken von mathematischen Beziehungen abgelöst. Die SuS wählten geeignete Darstellungsformen in Zusammenhang mit ihren Strategien aus.[98] Dies gilt auch für meine Unterrichtseinheit, mit der Einschränkung, dass die SuS zu Beginn der Einheit nur über wenige oder keine Darstellungsmöglichkeiten, über die Aufstellung von Gleichungen hinausgehend, verfügbar hatten und dies im Verlauf der Einheit deutlich verändert wurde.
Die Ergebnisse dieser Arbeit haben dazu geführt, dass ich den offenen, problemhaltigen Denk- und Sachaufgaben einen größeren Raum im Unterricht einräume und die Umwelterschließung mittels dieser Aufgaben als besonders wichtiges Ziel im Mathematikunterricht ansehe.

[94] Rasch, 2001, S. 17
[95] Rasch, 2001, S. 17
[96] „Die Schnecke im Brunnen"
[97] Schema „Frage-Rechnung-Antwort"
[98] Rasch, 2001, S. 309

# 5. Anhang

## 5.1. Literaturverzeichnis


Cohen, E.: Bedingungen für kooperative Kleingruppen. In: Huber, Günter L. (Hrsg.): Neue Perspektiven der Kooperation. Hohengehren, 1991

Eichler, Klaus-Peter: Skizzen als Hilfen beim Lösen von Sachaufgaben. In: Praxis Grundschule 5-2008, Westermann-Verlag

Franke, Marianne: Didaktik des Sachrechnens in der Grundschule. Heidelberg/Berlin, 2003

Franke, Marianne: Aufgaben, die das Leben schreibt. In: Ruwisch, Silke/Peter-Koop, Andrea: Gute Aufgaben im Mathematikunterricht der Grundschule. 4. Aufl., Offenburg, 2009

Glaser, Birgit/Neubert, Bernd: Wir erstellen eine Rechengeschichtenkartei. In: Grundschulunterricht 2/2006, Oldenbourg-Verlag

Hain, Eva-Tabea: „Mache eine Zeichnung, die dir beim Rechnen hilft!“ In: Grundschulunterricht 2/2006, Oldenbourg-Verlag

Hessisches Kultusministerium: Rahmenplan Grundschule. Wiesbaden, 1995

Hessisches Kultusministerium: Kerncurriculum Hessen Primarstufe, Rohfassung. Stand März 2010

Kaufmann, Sabine: Üben von Teilqualifikationen zum Sachrechnen. In: Grundschulunterricht 2/2006, Oldenbourg-Verlag

Krauthausen, Günter/Scherer, Petra: Einführung in die Mathematikdidaktik. 3. Aufl., Heidelberg, 2007

Lehmann, Johannes: 3 PLUS 8 und mitgemacht. Berlin, 1989

Nührenbörger, Marcus/Schwarzkopf, Ralph: Die Entwicklung mathematischenWissens in sozial-interaktiven Kontexten. In: Böttinger, C./Bräuning, K./Nührenbörger, M./ Schwarzkopf, R./Söbbeke, E. (Hrsg.): Mathematik im Denken der Kinder. Seelze, 2010

Peter-Koop, Andrea: „Wie viele Autos stehen in einem 3-km-Stau?“ In: Ruwisch, Silke/Peter-Koop, Andrea: Gute Aufgaben im Mathematikunterricht der Grundschule. 4. Aufl., Offenburg, 2009

Pfaller, Monika: Sachrechnen im 3. Schuljahr: Anknüpfen und Vertiefen – Manege frei für Lösungsschritte, Lösungshilfen und Größen. In: Häring, Gudrun (Hrsg.): Start in den Unterricht – Mathematik Klasse 3. 2010, Friedrich Verlag

Rasch, Renate: Zur Arbeit mit problemhaltigen Textaufgaben im Mathematikunterricht der Grundschule. Hildesheim/Berlin, 2001

Rasch, Renate: 42 Denk- und Sachaufgaben. 3. Aufl., Seelze-Velber, 2008

Röhr, Martina: Kooperatives Lernen beim Arbeiten mit der Autobahnkarte. In: Müller, Gerhard N./Wittmann, Erich Ch. (Hrsg.): Mit Kindern rechnen. Arbeitskreis Grundschule – Der Grundschulverband. Frankfurt/Main, 1995

Schütte, Sybille: Rechengeschichten statt Textaufgaben: Mathematik und Sprache verbinden. In: Die Grundschulzeitschrift 102/1997, Friedrich Verlag

Selter, Christoph: Eigenproduktionen im Arithmetikunterricht. In: Müller, Gerhard N./Wittmann, Erich Ch. (Hrsg.): Mit Kindern rechnen. Arbeitskreis Grundschule – Der Grundschulverband. Frankfurt/Main, 1995

Selter, Christoph: Rechnen auf eigenen Wegen. In: Schule heute 4/2004

Spiegel, Hartmut/Selter, Christoph: Kinder & Mathematik. Was Erwachsene wissen sollten. 5. Aufl., Seelze-Velber, 2008

Walther, Gerd/Heuvel-Panhuizen, Marja van/Granzer, Dietlinde/Köller, Olaf (Hrsg.): Bildungsstandards für die Grundschule: Mathematik konkret. 4. Aufl., Berlin, 2010

Winter, Heinrich: Sachrechnen in der Grundschule. 5. Aufl., Berlin, 2000

## 5.2. Überblick über die Unterrichtseinheit

| Sequenz | Inhalt | Lernziel |
|---|---|---|
| 1. | „Wie alt sind die Kinder?“<br>Vergleichsaufgabe im überschaubaren Zahlenraum mit einer glatten Zehnerzahl als Ausgangspunkt. | Die SuS erarbeiten erstmals eine Denk- und Sachaufgabe. Dabei kommunizieren sie mit ihrer Tischgruppe und entwickeln kooperativ eine Lösung, die sie individuell verschriftlichen. |
| 2. | „Wie viele Tiere könnte der Opa haben?“<br>Aufgabe mit kombinatorischem Hintergrund, die mehrere Lösungen ermöglicht. | Die SuS erkennen, dass eine Aufgabe mehrere Lösungs-möglichkeiten zulässt und erarbeiten diese zunächst kooperativ und dann individuell. |
| 3. | „Wie viele Tiere scheucht Mutter auf?“<br>Aufgabe mit kombinatorischem Hintergrund und mehreren Lösungsmöglichkeiten, die aufgrund der Schwierigkeiten beim Bearbeiten von Geschichte 2 dieses Thema nochmals aufgreift. | Die SuS erarbeiten eine der vorhergehenden sehr ähnliche Aufgabe, um die Möglichkeit verschiedener Lösungen und deren Darstellungsvarianten (Rechenoperation, Tabelle) zu vertiefen. |
| 4. | „Der Riesenkaugummi“<br>Aufgabe zur Verhältnisverteilung, die nur eine Lösung zulässt, aber bei anderer Verteilung auch eine zweite Lösung hat. | Die SuS erarbeiten kooperativ die Lösung für die Verhältnisaufgabe und werden dabei angeregt, die Aufgabe zu überdenken und eine „gerechte“ Verteilung selbstständig in ihrer Gruppe zu entwickeln. |
| 5. | „Die Schnecke im Brunnen“<br>Bewegungsaufgabe, bei der berücksichtigt werden muss, dass die Schnecke bereits am Ende des 6. Tages den Brunnerand erreicht und daher keine 6. Nacht benötigt. | Die SuS diskutieren gemeinsam die Lösung der Aufgabe und verschriftlichen ihren individuellen Lösungsweg mit Erklärungen, Tabellen, Skizzen, Rechenoperationen. Dabei arbeiten sie mit Repräsentanten der Größe Längen. |
| 6. | „Die Größe der Mädchen“<br>Vergleichsaufgabe, die im Alltag häufig auftritt. | Die SuS erarbeiten kooperativ die Lösung der Vergleichsaufgabe. Sie stellen ihren Lösungsweg individuell mittels der neu erworbenen Kenntnisse weiterer Darstellungsformen dar. |
| 7. | „Die Bremer Stadtmusikanten“<br>Aufgabe mit sprachlichen und situativen Besonderheiten, die zunächst in der Gruppe geklärt werden müssen. | Die SuS erarbeiten gemeinsam problematische Textpassagen und entwickeln eine Lösung, die sie individuell veranschaulichen. |
| 8. | „Handschläge beim Abschied“<br>Aufgabe mit kombinatorischem Hintergrund, die handelnd gelöst werden konnte. | Die SuS erarbeiten sich die Lösung der Aufgabe durch Handlung innerhalb von (passenden) 4er-Gruppen und stellen ihren Lösungsweg individuell dar. |

### 5.3. Schülerdarstellungen zu den Aufgaben der Unterrichtseinheit

#### 5.3.1. Rechengeschichte „Wie alt sind die Kinder?“[99]

Pöpsel, Marius und Quadrate sind zusammen 30 Jahre alt. Marius ist 2 Jahre jünger als Pöpsel. Quadrate ist 4 Jahre älter als Marius. Kannst du das Alter der drei Kinder herausfinden?

Alle SuS lösten die Aufgabe durch Rechenoperationen, die gruppenweise nahezu gleichlautend waren. Individuelle Lösungswege zeigten nur wenige SuS (wie Felix).

Felix

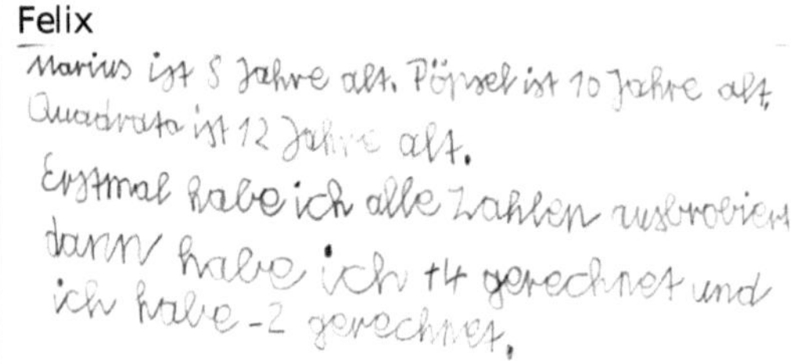

Marius ist 8 Jahre alt. Pöpsel ist 10 Jahre alt. Quadrata ist 12 Jahre alt.
Erstmal habe ich alle Zahlen ausprobiert dann habe ich +4 gerechnet und ich habe -2 gerechnet.

Mark

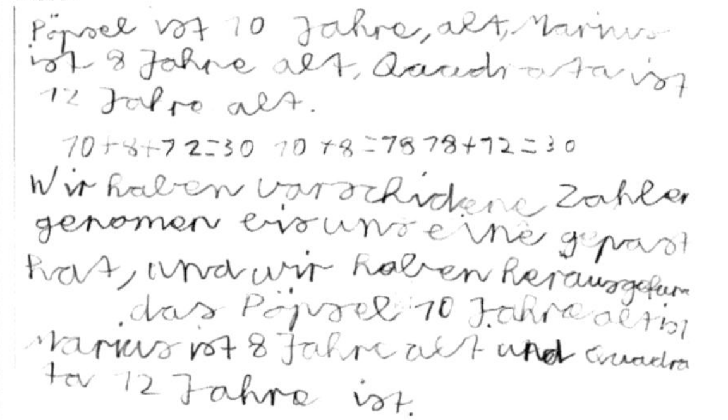

Pöpsel ist 10 Jahre, alt, Marius ist 8 Jahre alt, Quadrata ist 12 Jahre alt.
10+8+12=30 10+8=18 18+12=30
Wir haben verschiedene Zahlen genomen eis und eine gepast hat, und wir haben herausgefunden das Pöpsel 10 Jahre alt ist Marius ist 8 Jahre alt und Quadrata 12 Jahre ist.

#### 5.3.2. Rechengeschichte „Wie viele Tiere könnte der Opa haben?“[100]

Der Opa von Pöpsel hat Hühner und Kaninchen. Pöpsel zählt die Beine. Insgesamt sind es 30 Beine. Wie viele Hühner und Kaninchen könnte der Opa haben?

Diese Aufgabe konnten nur sehr leistungsstarke SuS lösen, während die anderen SuS ihre Lösungswege von ihnen übernahmen. Daher wurde in der Reflexion die Aufgabe eingehend diskutiert. In der 3. Rechengeschichte wurde das Thema wieder aufgegriffen und war, in leicht abgewandelter Form, von allen SuS lösbar. Auch bei dieser Aufgabe versuchten die SuS, eine Lösung durch eine Rechenoperation zu finden. Die Lösungsfindung durch eine Skizze wurde von keinem SuS überlegt.

---

[99] nach Rasch, 2001, S. 165
[100] nach Rasch, 2001, S. 159

Mats

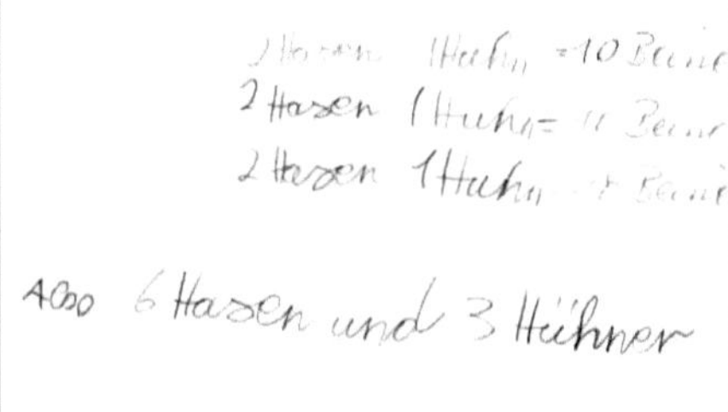


Inga

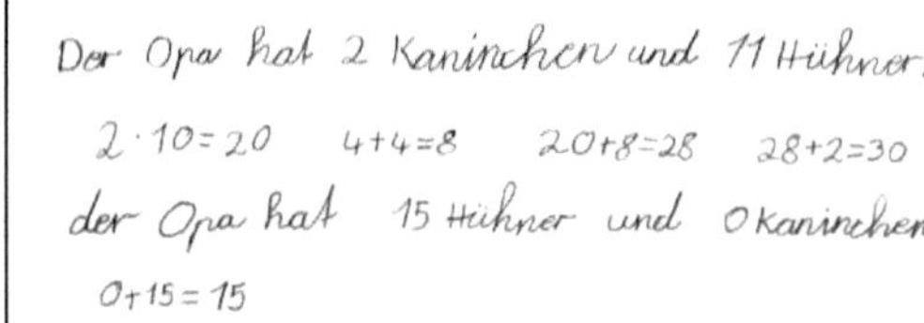


### 5.3.3. Rechengeschichte „Wie viele Tiere scheucht Mutter auf?“[101]

Mutter füllt das Vogelfutter am Vogelhaus nach. Dabei scheucht sie viele Tiere auf. Sie sieht Spatzen und Spinnen. Ein Riesengekrabbel aus Beinen. Überrascht zählt Mutter die Beine: Eins, zwei, drei, immer mehr, es sind sogar 38 Beine insgesamt.

In dieser Aufgabe zeigte sich erstmals neben der Rechenoperation die Nutzung einer Tabelle bei einigen SuS. Dies wurde in der Reflexion zur Diskussionsgrundlage über Darstellungsmöglichkeiten und die damit verbundene Übersichtlichkeit einer Lösungsdarstellung. Sven begründete seine Lösung mit einem Muster.

Marie

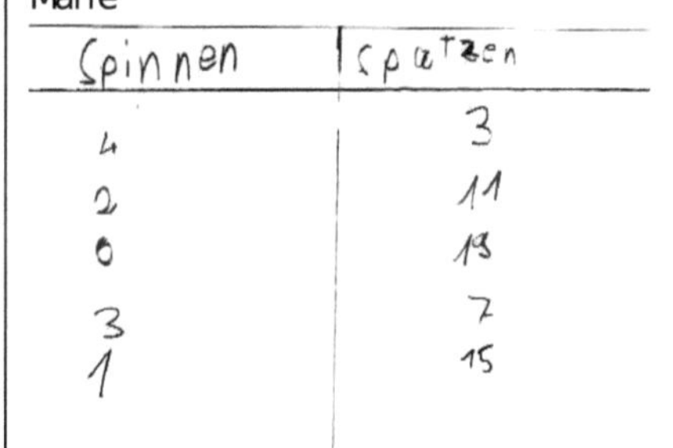


Sven

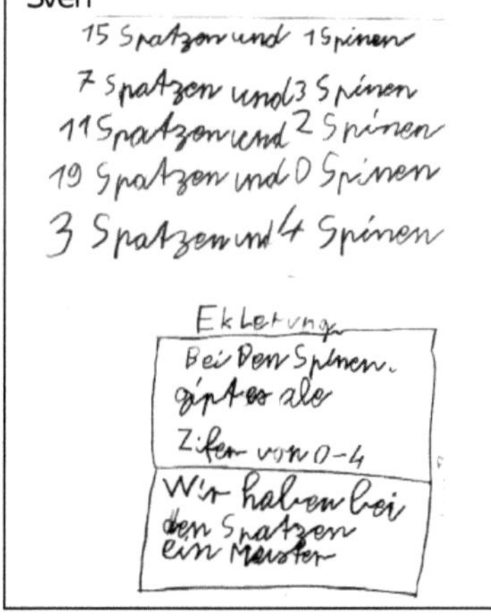


[101] selbst erfundene Geschichte in Anlehung an die 2. Geschichte nach Rasch, S. 165

### 5.3.4. Rechengeschichte „Der Riesenkaugummi“[102]

Dick, Faul und Doof finden einen Riesenkaugummi. Er ist 30 cm lang. Dick schlägt folgende Aufteilung vor: „Doof bekommt halb so viel wie Faul und ich bekomme 3-mal so viel wie Doof.“ Die anderen protestieren. Zu Recht? Wie viel würde jeder bekommen, wenn die drei Dicks Vorschlag in die Tat umsetzen?

Die SuS waren bei dieser Aufgabe sehr motiviert, da sie bald erkannten, dass der Kaugummi ungerecht verteilt war. Das zeigten sie, indem sie noch eine „faire“ Verteilung diskutierten und aufschrieben. Erstmals wurden Skizzen gezeichnet, die jedoch, vermute ich, eher der Verdeutlichung des Kaugummis als der Lösungsfindung dienten.

Lena

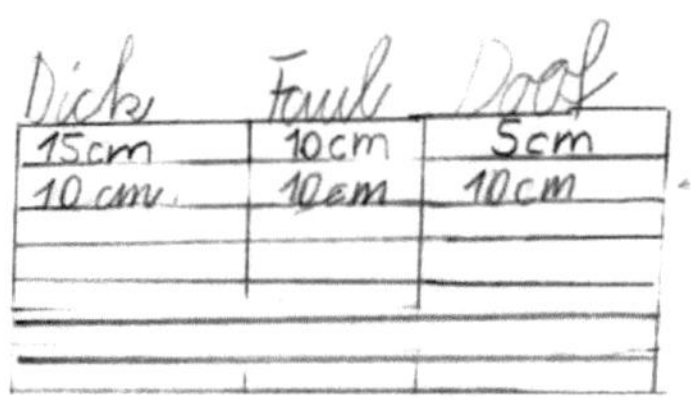


Marta

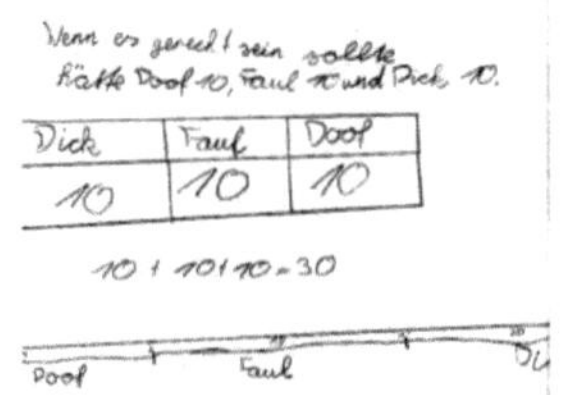


Mert

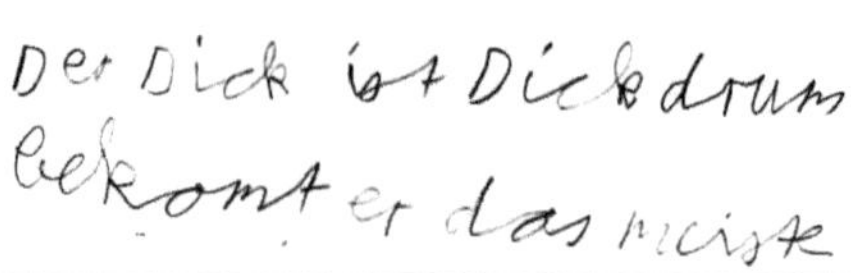


### 5.3.5. Rechengeschichte „Die Schnecke im Brunnen“[103]

Eine Schnecke in einem 20 m tiefen Brunnen will nach oben auf die Wiese. Sie kriecht am Tag immer 5 m hoch und rutscht nachts im Schlaf wieder 2 m nach unten. Am wievielten Tag erreicht sie den Brunnenrand?

Diese Aufgabe wurde in 3.1. besprochen. Nachdem in der 4. Rechengeschichte erstmals auch Skizzen gezeichnet und in der Reflexion besprochen wurden, zeigten die SuS bei dieser Aufgabe sehr individuelle Lösungsskizzen und versuchten, damit ihren Lösungsweg zu erläutern.

Robert

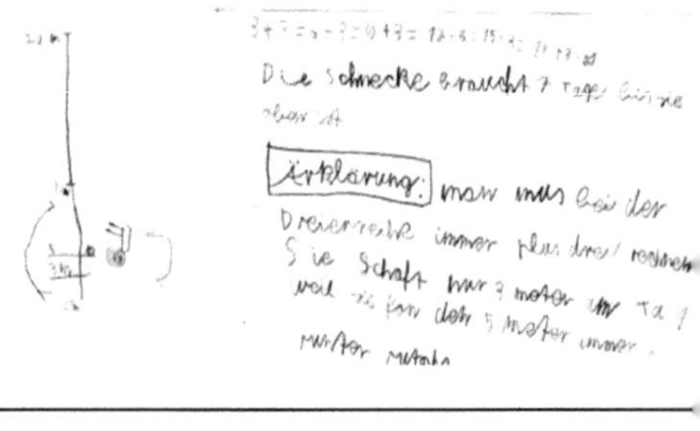

[102] Rasch, 2001, S. 190
[103] Rasch, 2001, S. 85

Luisa

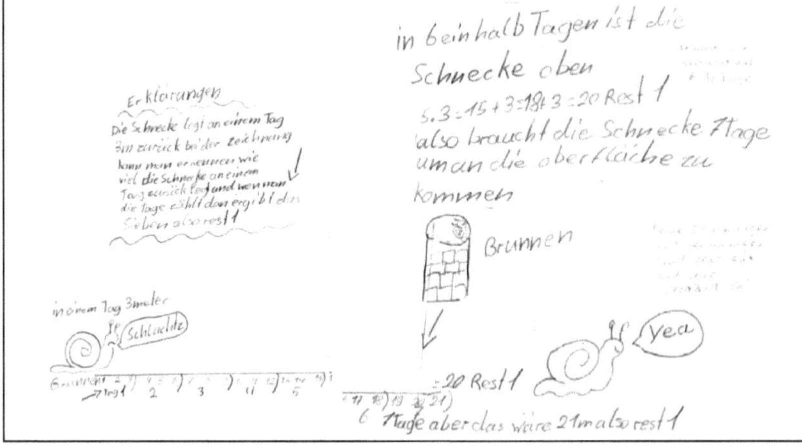


### 5.3.6. Rechengeschichte „Die Größe der Mädchen“[104]

> Vier Mädchen sollen sich in einer Sportgruppe der Größe nach aufstellen. Es ist bekannt: Anne ist kleiner als Lotta, Selina ist kleiner als Clara, Lotta ist kleiner als Selina, und Clara ist größer als Anne. In welcher Reihenfolge müssen sich die Schülerinnen aufstellen?

Die Aufgabe wurde in 3.2. erläutert. Über die dort gezeigten Lösungsdarstellungen der SuS gab es noch einige andere, ebenfalls sehr interessante Darstellungen, von denen ich hier noch einige vorstelle. Besonders bemerkenswert ist Laurenz´ Skizze, der erwogen hat, das die Mädchen sich nicht *in einer Reihe* nebeneinander aufstellen, sondern im Kreis stehen, wie es oft geschieht.

Thomas

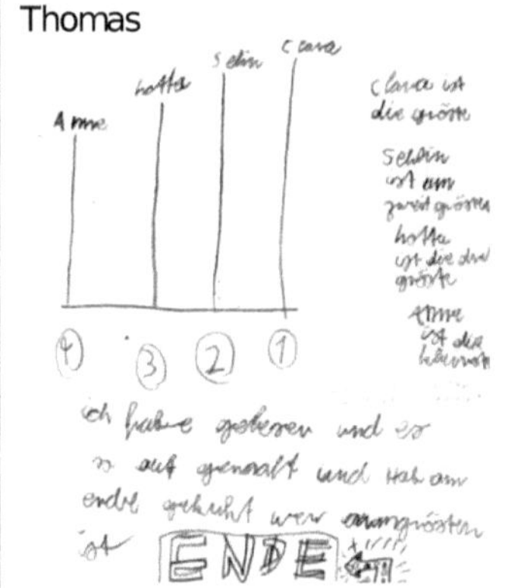


Murat

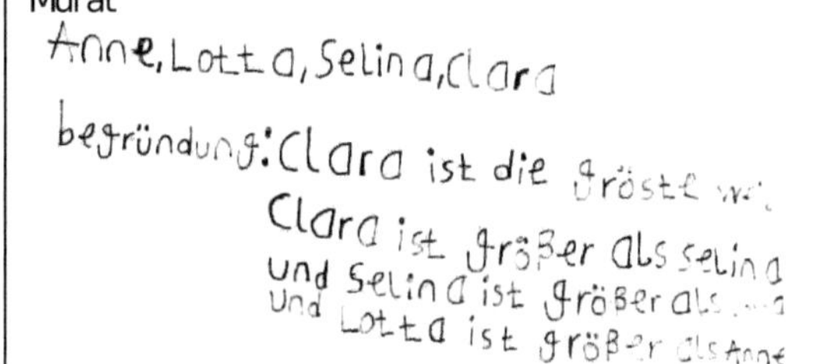


[104] Lehmann, S. 37

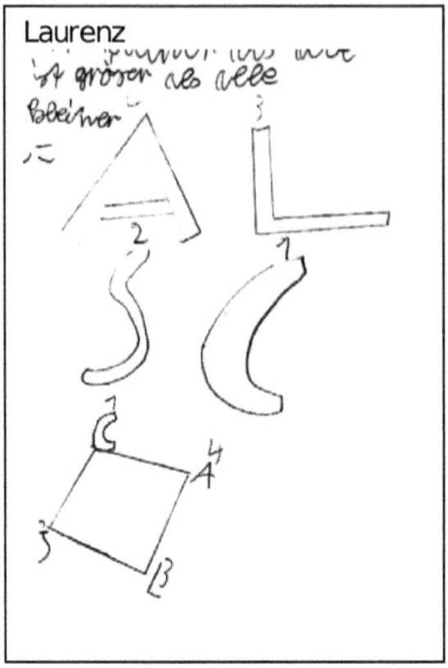


### 5.3.7. Rechengeschichte „Die Bremer Stadtmusikanten“[105]

> Die Bremer Stadtmusikanten. Der Esel ist bis zum Rücken 1,50 m hoch. Darauf steht der Hund. Die Katze ist 10 cm kleiner als der Hahn und der Hahn ist 3-mal kleiner als der Esel. Zusammen erreichen sie eine Höhe von 3 m. Wie groß ist der Hund?

Bei dieser Aufgabe zeigten einige SuS (wie Marta) ein gutes Textverständnis, indem sie die Maße jeweils auf die Rückenhöhe beziehen. Damit hat sie die Angabe „bis zum Rücken“ verinnerlicht und für alle anderen Tiere übernommen. Allerdings hat Marta sich mit einem „Längen-Mix“ von Zentimetern, Millimetern, Metern noch sehr unsicher in Bezug auf die Repräsentanten der gerade parallel verlaufenden Unterrichtseinheit Längen gezeigt. Dies überraschte mich, da Marta innerhalb der Einheit alle Größen richtig verwendete. Eine weitere Möglichkeit zeigt Louis, der nicht-maßstäblich, aber anschaulich die Höhen der Tiere übereinander stellt. Seine Skizze zeigt, dass Louis den Text anders interpretiert hat als Marta, da er die Katze mit der geringsten Rückenhöhe auf den Hahn gestellt hat (das wird aber dem Hahn nicht gefallen). In der Skizze ist die Gesamthöhe von 3 m angegeben, so dass der Leser sowohl durch Addition der Einzelwerte als auch durch Ablesen dieser Angabe die Gesamthöhe erhält.

[105] nach Rasch, 2001, S. 169

Marta

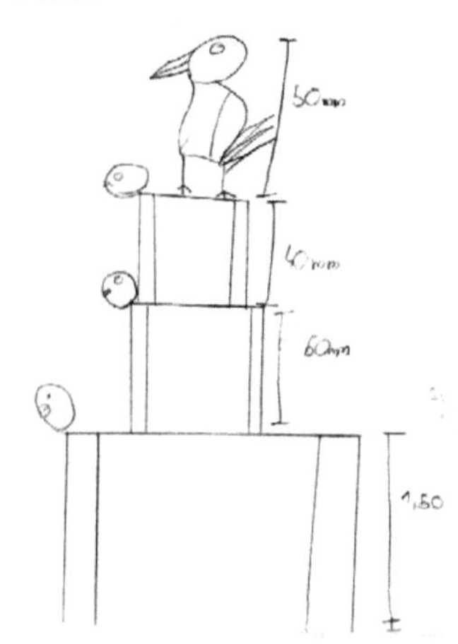


Louis

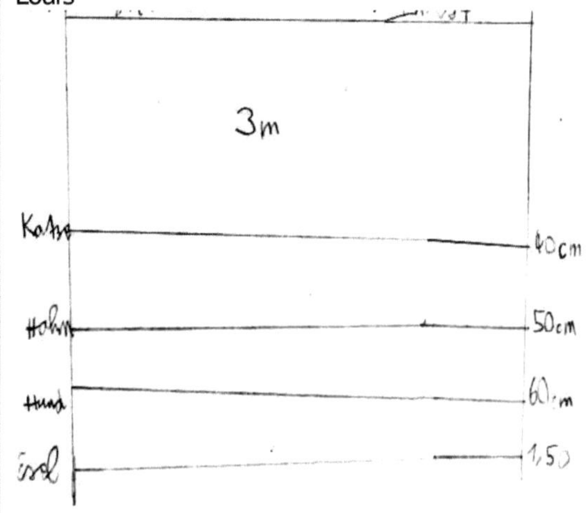

### 5.3.8. Rechengeschichte „Handschläge beim Abschied“[106]

Heute ist der letzte Schultag vor den Osterferien. Jetzt sind zwei Wochen lang Ferien. Auch Katharina, Birgit, Felix und Jan verabschieden sich voneinander. Sie geben sich noch einmal gegenseitig die Hand. Wie viele Handschläge werden zwischen ihnen gewechselt?

Die Abbildungen zeigen die Ergebnisse zweier leistungsstarker Schüler und einer leistungsschwachen Schülerin. Felix hat die Aufgabe sowohl durch Handlung nachvollzogen als auch verschiedene Darstellungsformen zur Erläuterung seiner Vorgehensweise genutzt. Thao entwickelte ein erstes Baumdiagramm, anhand dessen die Lösung gut abzulesen ist. Sorayas Gruppe besprach die Aufgabe nur kurz und einigte sich auf den erstgenannten Lösungsansatz, ohne diesen zu überprüfen.

Thomas

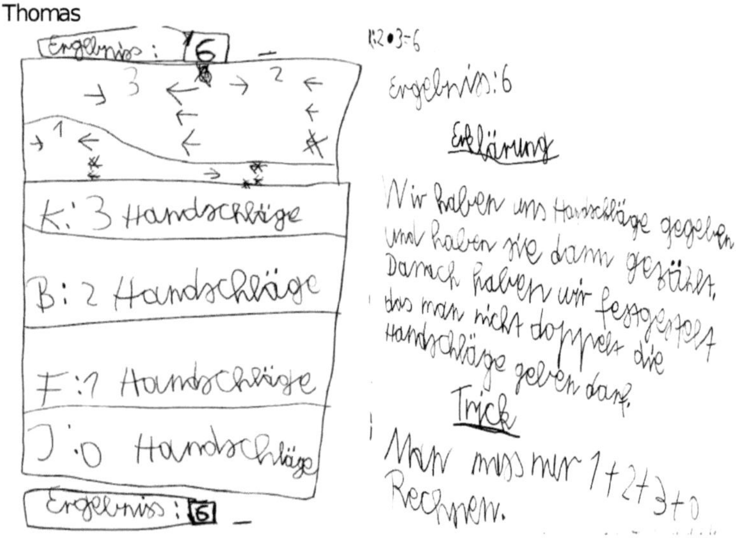


Soraya

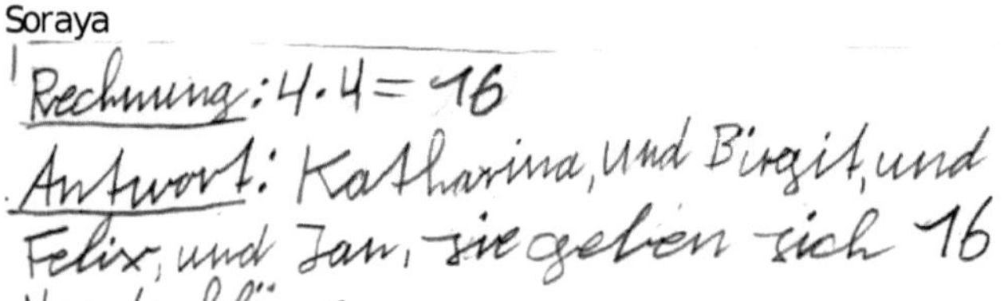


Thao

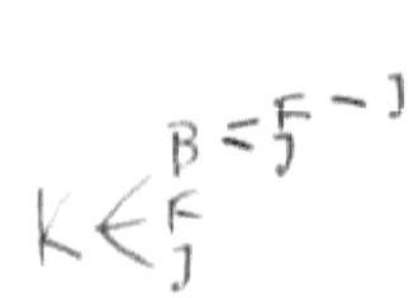

[106] nach Rasch, 2001, S. 84